자연생태
개념수첩

자연생태
개념수첩

—

펴 낸 날 | 2015년 9월 1일
지 은 이 | 노인향

—

펴 낸 이 | 조영권
그 린 이 | 조영지
꾸 민 이 | 이윤임

—

펴 낸 곳 | 자연과생태
주소 서울 마포구 신수로 25-32, 101(구수동)
전화 02)701-7345~6
팩스 02)701-7347
홈페이지 www.econature.co.kr
등록 제2007-000217호

—

ISBN : 978-89-97429-57-8   43470

—

노인향 ⓒ 2015

—

한국출판문화산업진흥원 2015년 우수출판콘텐츠 제작 지원 사업 선정작입니다.

자연생태 개념수첩

| 노인향 지음 |

자연과생태

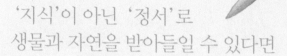

'지식'이 아닌 '정서'로
생물과 자연을 받아들일 수 있다면

세 살짜리 조카 연후는 무당벌레만 보면 사족을 못 쓴다. 또 제 발밑으로 지나가는 개미를 보면 다리가 저리지도 않은지 한참을 쪼그려 앉아 심각하게 관찰하고, 베란다 앞 나뭇가지에 참새라도 앉으면 신이 나 '짹짹이'가 왔다고 온 가족에게 알려 준다. 누가 그러라고 시킨 것도 아닌데, 녀석은 본능적으로 생물을 참 좋아 한다.

비단 내 조카뿐만 아니라, 대부분의 아이들은 생물과 자연에 호감을 가진다. 그런데 아이러니하게도 이런 아이들이 자라 어른 이 되면 대다수가 자연과 멀어진다. 나도 마찬가지였다. 어릴 때 는 신비롭기만 했던 것을 학교에서 '자연과학'이라는 과목으로 배우면서부터는, 점점 자연과 생물이 어려워졌고, 이윽고 나와는 관계가 없는 것으로까지 여겨졌다.

우리 사회에서도 자연과학은 현실과는 동떨어진 순수학문으 로만 치부되기 일쑤다. 여러 대학에서 생물학과가 사라지는 것도 이런 인식과 맥락을 같이 하는 것일 테다. 그러나 내가 월간 〈자 연과생태〉 기자로 일하며 막연하게 어려웠던 생물 분류, 생태계

개념을 공부하듯 기사로 쓰면서 느낀 것은, 자연과학만큼 흥미진진하고, 사회에 필요한 학문도 흔치 않다는 것이다.

더불어 생물과 자연이란, 지식이라기보다는 '정서'에 가까운 것이라는 생각도 들었다. 한글을 처음 배우는 아이의 심정으로 이 원고를 쓰다 보니, 스스로도 내용이 잘 이해되지 않는 경우가 부지기수였다. 그럴 때마다 나는 산과 들, 냇가를 쏘다니며 잠자리도 잡고, 매미도 잡고, 가재도 잡던 어린 시절을 떠올렸다. 세상 모든 것들이 놀랍기만 했던 그때를 떠올리면 생물 분류도, 생태계 개념도 단순한 지식이 아니라, 나를 풍요롭게 하는 정서로 다가왔다.

지식을 담은 책이 정서로 느껴지려면 무엇보다 설명이 편안하고, 친절해야 한다고 생각한다. 그래서 원고를 다듬을 때 조카 연후와 엄마를 생각했다. 연후가 컸을 때 이 책을 재미나게 읽을 수 있고, 자연과학적 소양은 깊지 않지만 책을 좋아하는 엄마가 읽기에도 부담이 없다면, 청소년과 전공자가 아닌 일반인도 조금이나마 자연과학이라는 것을 편안하게 느낄 수 있지 않을까 하는 바람에서다.

끝으로 〈자연과생태〉 조영권 편집장님에게 감사하다는 말을 전하고 싶다. 머리글에는 "쿨하게 책 이야기만 쓰면 된다."며 본인 이야기는 쓰지 말라고 하셨지만, 그럴 수는 없다. 원고를 쓰다가 내 지식이나 역량의 '참을 수 없는 가벼움'에 절망할 때면 항상 "공부하듯이 쓰면 된다."며 격려해 주셨고, 원고를 마무리할 때까지 믿어 주셨기에 이 책이 세상에 나올 수 있었다. 진심으로 감사드린다.

'차르르르르' 쏟아지는 말매미 울음소리를 들으며

노인향

생물분류

수첩

part 1

연체류

부드러운 것이
강한 법

흔히 사람을 만물의 영장이라 한다. 하지만 이제는 많은 이들이 아는 것처럼, 그건 지극히 인간중심적인 사고의 발로이자 지구 생물에 대해 뭘 모르고나 하는 소리다. 다른 지구 생물의 진화 역사나 그들이 지구에서 차지하는 비율과 삶꼴을 안다면 그런 말은 할 수 없을 것이다. 그런 점에서 연체동물이야말로 지구 생물의 '숨은 강자'라 하겠다. 선캄브리아기부터 나타나 현재까지 지구 곳곳에서 다양한 모습으로 살아가고 있으며, 종수 또한 절지동물 다음으로 많다. 뼈도 없이 말랑말랑한 몸으로 긴긴 세월 동안 수많은 진화를 거듭하며 살아온 연체동물을 보면, 역시 부드러운 것이 강한 것이라는 말이 맞는 모양이다.

연체동물,
어디까지 알고 있니?

연체동물軟體動物은 이름에서 알 수 있는 것처럼 몸이 부드럽고 연한 동물을 일컫는다. 문어나 오징어처럼 몸 전체가 말캉말캉한 무리(두족류)도 있고, 달팽이나 고둥처럼 나선형 껍데기를 집 삼아 들락날락하는 무리(복족류), 조개처럼 아예 딱딱한 껍데기에 녹녹한 몸을 숨기고 사는 무리(이매패류 혹은 부족류)도 있다. 또한, 단판류, 굴족류, 다판류, 관복류, 미공류처럼 이름조차 낯선 무리도 수두룩하다.

선캄브리아기에 나타나 긴긴 시간 동안 진화를 거듭하며 이처럼 여러 무리로 분화한 연체동물은 다양한 생김새만큼이나 사는 곳 또한 바다, 민물, 뭍에 이르기까지 각양각색이다. 연체동물은 절지동물 다음으로 방대한 동물 무리로, 현재 지구에는 약 10만 종이 사는 것으로 알려진다.

연체동물의 몸(속살)은 기본적으로 데칼코마니처럼 좌우대칭이고, 몸 구조는 크게 머리와 발, 내장낭^{內臟囊}*과 외투막^{外套膜}*으로 이루어진다. 오징어나 문어가 속하는 두족류나 등에 집(껍데기)을 짊어지지 않은 민달팽이는 예외지만, 연체동물 대부분에게는 속살을 보호하는 껍데기(패각)가 있다.

연체동물에게는 몸을 감싸는 껍데기만큼 독특한 것이 또 하나 있다. 바로 치설^{齒舌}이다. 껍데기가 한 쌍으로 이루어진 조개 무리와 관복류를 제외한 모든 연체동물에는 치설이 있는데, 이것은 다른 동물의

＊

내장낭 연체동물의 등에서 봉긋 솟은 부분을 가리킨다.
소화관, 생식샘 등 내장기관이 들어 있으며, 외투막으로 덮여 있다.

외투막 연체동물의 내장낭을 덮는 근육질로 된 막이다. 여기서 분비된 무기질로 껍데기가 만들어진다.
달팽이처럼 뭍에 사는 연체동물에서는 이 외투막이 허파로 변해 호흡을 돕는다.

이빨과 혀 역할을 하는 연체동물만의 소화기관이다. 연체동물은 이빨과 혀 대신에 치설을 이용해 먹이를 잘라먹거나 핥는다. 또한 치설은 종에 따라서 그 형태와 크기, 구조가 달라 종을 분류하는 명확한 기준이 된다.

지구의 숨은 강자를 소개합니다

앞서 이야기한 것처럼 연체동물은 크게 여덟 무리로 나뉜다. 그중 우리가 쉽게 만날 수 있는 것은 두족류, 복족류, 이매패류(부족류) 세 무리다. 아쉽게도 나머지 다섯 무리는 대개 크기도 자잘할 뿐더러 깊은 바다 속에 살거나 모래나 흙 속에 몸을 박고 살기 때문에 거의 보기 어렵다.

연체동물 분류

연체동물문	두족류	
	복족류	
	이매패류(부족류)	
	미공류	무판류
	구복류	
	단판류	
	다판류	
	굴족류	

문어

두족류 Cephalopoda

　모두 바다에 살지만, 우리는 흔히 시
장에서 볼 수 있는 무리로, 오징어, 문어,
낙지 등이 여기에 속한다. 머리에 발이 달
려 있다고 해서 두족류頭足類라 부른다. 연체동
물 중에서 몸 구조가 제일 발달한 것으로 알려졌지
만, 과거에 살았던 화석종과 비교하면 진화상 쇠퇴한 것이라고 한다.

　두족류는 아가미가 한 쌍이냐, 두 쌍이냐에 따라서 이새아강과 사새
아강으로 분류한다. 현재 지구에 사는 두족류 대부분은 이새아강에 속
하며, 사새아강은 거의가 화석종이고, 현생하는 것으로는 앵무조개가
있다. 이새아강은 다시 발이 10개인 십각목十脚目과 8개인 팔각목八脚目
으로 나뉜다. 오징어와 꼴뚜기 등은 다리가 10개인 십각목에 속하며,
낙지와 문어는 8개인 팔각목이다.

　화석종(암모나이트 등)이나 앵무조개는 다른 연체동물처럼 껍데기가 있
지만, 현재 살아 있는 두족류 대부분에서는 껍데기를 볼 수 없다. 팔각
목에서는 퇴화해 사라졌고, 십각목에서는 껍데기가 몸속으로 들어가
겉에서는 보이지 않는다.

복족류 Gastropoda

　복족류에는 달팽이나 다슬기처럼 나선형 껍데기가 있는 경우가 많
으며, 다리 역할을 하는 배(배다리)로 기어다니는 무리다. (앞서 언급한 것처
럼 민달팽이는 껍데기가 없지만 복족류다.) 연체동물 중에서 수가 제일 많은 무

리로, 지구에 약 7만 5,000종이 있다고 알려졌다. 종수가 방대한 만큼 사는 곳 또한 다양하다. 바다에서만 사는 두족류와는 달리 바다는 물론, 민물과 뭍에서도 살아 우리가 일상적으로 가장 자주 볼 수 있는 무리이기도 하다.

갯민숭달팽이

호흡기관의 위치와 종류에 따라 크게 전새류, 후새류, 유패류로 나뉜다. 아가미가 심장 앞에 있는 전새류에는 소라, 전복 등이 있으며, 아가미가 심장 뒤에 있는 후새류에는 갯민숭달팽이 무리 등이 속한다. 이들과는 달리 유패류는 아가미가 아닌 허파로 호흡하며, 뭍에 사는 달팽이가 대표적이다.

복족류의 껍데기는 세세한 모양에서는 차이가 있지만 대부분 나선형이다. 머리에는 잘 발달한 촉수와 눈이 있다. 또한 이들은 앞서 설명한 것처럼 배이자 다리인 배다리로 이동한다. 배다리 바닥에 점액분비세포가 있고 여기서 끈적끈적한 점액이 나온다. 이 점액은 배다리 앞뒤에서 액체·고체 상태로 번갈아가며 변하며, 복족류는 이러한 상태 변화를 이용해 이동한다.

이매패류(부족류) Bivalvia

껍데기가 2개라 이매패류二枚貝類라 불리는 이 무리는 쉽게 조개 무리라고 보면 된다. 이들은 한 쌍인 껍데기 사이로 손도끼斧처럼 생긴 발을 빼꼼 내밀고 움직여서 부족류斧足類라고도 부른다. 대개 바다에 살지만,

민물이나 펄, 바위 표면에 붙어서 사는 종도 있다.

　이매패류는 이빨과 혀 역할을 하는 치설이 없다. 먹이를 씹거나 갉아먹는 대신에 호흡기관인 아가미를 통해 물에 섞인 작은 플랑크톤이나 유기물을 걸러 먹는다. 이런 방식을 여과섭식이라고 하며, 물이 들어오는 구멍을 입수공入水孔, 나가는 구멍을 출수공出水孔이라고 한다. 두족류, 복족류와 달리 머리가 크게 발달하지 않았다. 폐각근과 인대을 이용해 껍데기 한 쌍을 열고 닫는다.

미공류 Caudofoveata

미강류라고도 한다. 바다 밑바닥에 수직으로 몸을 박고 서 있는 연체동물. 암수한몸이며 크기는 2~140밀리미터로 매우 작다. 껍데기 대신에 칼슘 성분으로 이루어진 비늘이 몸을 감싸고 있다. 연체동물 최초의 형태로 알려지며, 현재 70여 종이 살고 있다.

구복류 Solenogasres

미공류와 더불어 무판류로 분류되기도 한다. 미공류와 마찬가지로 껍데기 대신 칼슘 성분 비늘이 몸을 덮고 있으며, 암수한몸이다. 치설과 아가미가 없으며, 바다 바닥에 몸을 박지 않고 자유롭게 떠다닌다. 지구에 약 180종이 있는 것으로 알려진다.

단판류 Monoplacophora

원시형 연체동물이다. 1952년 코스타리카에서 발견되기 전까지는 화석으로만 알려졌다. 껍데기는 방패 또는 삿갓 모양이어서 겉모습은 언뜻 삿갓조개와 닮았다.

다판류 Polyplacophora

군부Japanese Common Chiton 무리를 가리킨다. 몸은 전체적으로 납작하고 좌우대칭이며, 등처럼 솟은 부분에 껍데기와 같은 판이 연이어서 8개가 나 있다. 촉수와 눈이 없고, 발이 아주 넓다. 치설에 철분을 함유한 자철석 성분이 있어 다른 연체동물에 비해 치설이 더욱 단단하다. 우리나라 바다에서 제법 흔하게 볼 수 있다.

굴족류 Scaphopoda

뿔조개 무리다. 원뿔 모양이며 몸 아래쪽에 난 발로 바다 밑바닥을 파고들어 바닥에 몸을 박고 산다. 종에 따라서 크기 차이(4~205밀리미터)가 많이 난다. 아가미가 없어 외투막으로 호흡하는 것이 특징이다.

미안하지만
참 맛있는 그 이름

집 근처에 새로운 음식점이 생겼다. 주요 메뉴로 내건 것은 밥도둑이라는 간장게장이다. 여름이라 입맛도 없던 차에 잘 됐다 싶어 식당으로 들어갔다. 맑은 빛 간장에 푹 담긴 게의 비주얼은 도망갔던 입맛도 되돌아오게 하기에 충분했다. 게딱지에 밥을 맛나게 비벼 먹고서 게 다리를 집다가 문득 그런 생각이 들었다. 같은 절지동물이고, 딱딱한 껍질에 몸이 덮인 것도 똑같건만, 왜 사람들은 (문화적인 차이는 있겠지만) 곤충은 먹지 않으면서 갑각류인 게나 새우는 그렇게들 좋아하는 걸까? 갑각류의 맛있는 속살을 한번 들여다보자.

뭍에는 곤충이 있다면,
바다에는 갑각류가 있다

절지동물은 동물 중에서 가장 거대한 무리다. 그중 으뜸은 역시나 곤충이다. 곤충만큼 수가 압도적이지는 않지만, 다양성으로 따지자면 절지동물의 한 라인인 갑각류도 곤충 부럽지 않을 것이다. 확인된 것만 해도 5만 종 가까이 된다고 한다.

갑각류하면 흔히 게나 새우, 가재 등 다리가 10개 달린 십각목+脚目
무리(두족류의 십각목과는 표기만 같을 뿐, 분류학상의 위치는 다르다)만 떠올리기 쉽
다. 물론 십각목은 알려진 것만 1만 여종이 넘는 갑각류 최대의 무리는
맞지만, 이들이 다는 아니다. 바다 먹이그물에서 중요한 역할을 하는
먹이생물 무리인 요각류와 바닷가 바위에 붙어사는 따개비가 속한 만
각류, 뭍에 사는 공벌레, 쥐며느리와 해안가에서 흔히 볼 수 있는 갯강
구가 속한 등각류가 있으며, 먼 바다에 사는 새우 같이 생긴 크릴새우
(난바다곤쟁이류) 등도 있다.

다만, 십각목을 비롯해 갑각류 대부분이 바다(혹은 조간대)에 살고 있
으므로, 여기서는 바다에 사는 갑각류, 그중에서도 십각목에 한정해
그들의 생김새와 삶꼴을 소개한다.

갑각류 분류

절지동물문> 갑각류	연갑류	게나 새우, 가재 등 십각목이 여기에 속한다.
	요각류	바다의 주요 먹이생물 무리다.
	만각류	따개비 등
	등각류	공벌레, 쥐며느리, 갯강구 등
	난바다곤쟁이류	크릴새우 등

※갑각류에 대한 통일된 분류 체계는 아직 없다.
위의 분류표는 이 글을 쓰는 데 참고한 여러 문헌을 토대로 해서 간략하게 정리한 것이다.

가재는 게 편이 아니라
새우 편?

갑각류의 갑각은 몸을 감싸는 딱딱한 껍데기인 '딱지'를 뜻한다. 갑각은 곤충의 외골격과 마찬가지로 키틴질로 이루어진다. 얼마나 딱딱한지는 밥을 비벼 먹는 게딱지를 떠올려 보면 알 것이다. 이 단단한 갑옷으로 몸의 부드러운 부분을 감싸 보호하는 것이다. 몸 구조 또한 곤충과 마찬가지로 머리, 가슴, 배로 나뉜다. 다만, 게처럼 머리와 가슴이 하나로 붙은 경우도 있다. 몸은 낱낱의 마디인 체절로 구성된다. 머리 부분은 5마디, 가슴 부분은 8마디, 배 부분은 7마디로 이루어진다.

그럼 이제 갑각류의 대표주자 삼인방이라고 할 수 있는 게와 가재, 새우를 예로 들어 갑각류의 생김새를 더 자세히 살펴보자. 다리가 달린 모양은 가재와 새우가 비슷하고, 게는 조금 다르다.

게는 가슴 부분(혹은 머리가슴 부분) 양 끝에 다리가 5쌍 붙어 있고, 다리 역시 마디 같은 관들이 관절로 연결되어 있다. 이 중 첫 번째 다리(제1가슴다리)가 흔히 다른 다리들보다 크고 끝이 두 갈래로 갈라져 집게다리라고 부른다. 제2~4가슴다리는 걷는 다리다. 집게다리는 먹이를 먹거나 짝을 유혹할 때, 혹은 상대를 위협하거나 다른 게와 의사소통할 때 쓴다. 나머지 다리 4쌍은 이름 그대로 걷거나 헤엄칠 때 사용한다.

게

생물분류 수첩

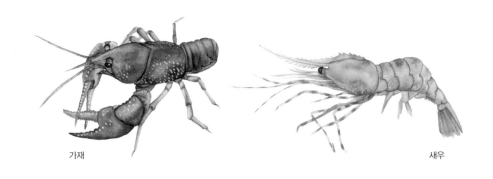

가재

새우

가재와 새우는, 일단 머리 부분에 부속지가 5쌍 있다. 부속지는 처음에 머리 부분에 달린 다리였는데, 진화 과정에서 더듬이(촉각)로 변한 것을 가리킨다. 게는 이 부분이 퇴화했다. 가슴에는 역시 부속지인 집게다리 1쌍과 걷는다리 4쌍이 붙어 있다. 배 전체와 꼬리 끝을 제외한 부분에는 모두 헤엄다리가 달려 있다.

바다에서 살아간다는 것

갑각류는 어른이 되고 나면, 껍데기인 갑각을 더 큰 것으로 교체하며 살아간다. 천적으로부터 자신을 보호하고자, 마치 시즌별로 업그레이드 된 새로운 갑옷을 맞춰 입는 것처럼. 이 과정을 탈피脫皮라고 하며, 곤충의 허물벗기와 비슷한 과정이다. 새 갑옷을 입었다고 해서 바로 능수능란하게 움직일 수 있는 것은 아니다. 새 구두를 신으면 익숙해질 때까지 며칠이 걸리는 것처럼, 갑각류의 새 갑옷도 온전하게 딱딱해질 때까지는 얼마간 시간이 걸린다. 그래서 그 때까지는 포식자의 눈에 띄지 않는 곳에서 숨 어 지낸다고 한다.

크릴새우나 요각류 등은 늘 거대한 무리를 이루고 살아간다. 무수히 많 은 생물이 공존하는 드넓은 바다에서 살아남으려면 몸집이 작은 그들은 그래 야만 할 것이다. 따개비 같은 생물의 생존법

따개비

은 차라리 움직이지 않는 것이다. 살기 괜찮아 보이는 바위를 찾아 평 생 그곳에 눌러 산다.

크릴새우, 따개비 등에 비하면 몸집이 큰 축에 속하는 게는 대부분 혼자서 생활한다. 마치 산골의 펜션 단지처럼 띄엄띄엄 제 집을 지어 놓고 외따로 살아간다. 하지만 보름과 그믐이 되면 이야기는 달라진 다. 그 무렵에 갯벌에 가 본 이라면 본 적이 있을 것이다. 수많은 게들 이 바글바글 소리가 날 것처럼 몰려 있는 것을. 바로 이 무렵이 번식기 이기 때문이다. 평소에는 마치 '킬리만자로의 표범'처럼 홀로 지내던 게들이 보름과 그믐이 된 것은 어떻게 알고서 그 시기만 되면 한 데 모 일 수 있을까? 생물에 관한 많은 부분이 그러하듯, 이 신비로움의 원인 역시 아직 밝혀지지 않았다고 한다.

따개비를 제외한 갑각류 대부분은 암수딴몸이다. 이들의 탄생과 성 장 과정을 보면 그야말로 '야생'이고 '스파르타'다. 체내수정을 하는 종의 암컷은 산란기가 되면 알을 물속으로 그냥 흘려보내고, 체외수정

을 하는 종은 암컷이 알을 산란해 둔 곳에 수컷이 정자를 뿌려 수정시킨다. 그러고서 끝이다. 부화할 때까지 알을 돌보는 일이란 없으며, 알이 바닷물에 휩쓸리든 다른 생물의 먹이가 되든 신경 쓰지 않는다.

아이가 태어날 때부터 어른으로 자랄 때까지 옆에서 끼고 돌보는 사람의 입장에서 보면 너무 비정해 보일 수도 있겠지만, 그건 우리가 판단할 문제가 아니다. 어느 생물이든 아주 오랜 세월에 걸쳐 각인된, 생존에 제일 유리한 형태의 삶을 살아가는 것일 테니 말이다.

'밥도둑' 간장게장이 다시 떠올랐다. 그토록 치열한 삶의 현장에서 나고 자란 게가 어쩌다 사람 손에 붙들려 간장 범벅이 되어 밥상에 올랐다고 생각하니, 마음 한구석이 짠해졌다. 미안하다, 게들아! 앞으로 너희 몫까지 최선을 다해 살게!

어떤 생물이 '걷는다'고 하면 앞뒤로 왔다 갔다 하는 것이 보통인데, 왜 유독 게만 옆으로 걷는 것일까? (밤게처럼 앞뒤로 걷는 게도 있지만, 드물다.) 게의 행동생태학을 연구하는 김태원 박사에 따르면 이유는 명확하다. 앞으로 걷는 것보다 옆으로 걷는 것이 더 살기 편하기 때문. 살기 편하다는 것은 바꿔 말해 생존에 유리하다는 것이다.

천적이나 위험한 생물이 다가오면 그들과는 반대 방향으로 도망쳐야 한다. 이 때 앞뒤로 걷는 생물이라면 몸을 틀어 방향을 바꿔야 하지만, 옆으로 걸을 수 있다면 적의 움직임을 보면서 이동할 수 있다. 이런 방식이 게들의 생존율을 높였을 것이고, 자연스레 게의 다리는 옆으로 구부러지는 형태로 진화한 것이다.

앞으로 걷는 사람 입장에서 보면 옆으로 걷는 것도 신기한데, 게는 재빠르기까지 하다. 게를 한 번이라도 관찰해 본 사람은 알 것이다. 조금이라도 다가갈라 치면 그야말로 '빛의 속도'로 쌩하고 사라지는 것을. 게다가 그리 쏜살같이 움직이면서도 제 집으로 쏙 들어가는 것은 아무리 봐도 놀랍다.

김태원 박사는 게가 집을 찾는 메커니즘을 두 가지 요소로 나눌 수 있다고 한다. 첫 번째는 게가 움직인 만큼의 거리를 기억한다는 것. 두 번째는 집의 방향을 기억하고자 몸의 장축을 늘 집, 특히 입구 쪽으로 향하게 한다는 것이다. 즉, 집에서부터 움직인 거리와 방향을 기억해 두었다가 위험한 상황을 감지하면 'LTE'급 속도로 집으로 들어가 숨는 것이다. 생물의 삶을 들여다볼 때마다 느끼는 거지만, 게도 참 영리하고 똑똑하다.

어류

물의,
물에 의한,
물에 살기 위한

어류를 괜히 물고기로 부르는 것이 아니다. 물이라면 아주 깊은 바다 속이든, 산속의 계곡이든 가리지 않고 살며, 생김새나 몸 구조도 물에 살기 적합하게끔 이루어졌다. 그리고 시간을 아주 많이 거슬러 올라가면 인류의 몸속 어딘가에도 물고기의 흔적이 있을지 모른다는데, 바다든 계곡이든 물만 보면 기분이 좋은 건 혹시 그 때문?

고기를 잡으러 바다로 갈까나
강으로 갈까나

어류, 순우리말로는 물고기다. 물에 사는 고기라는 이름처럼 삶터나 삶꼴 모두 물과 연관된다. 일단 물이 있는 곳이면 어디든 산다. 뜨거운 열대지방부터 냉랭한 극지방, 얕은 바다에서 빛조차 들지 않는 아주 깊은 바다, 내륙의 민물과 질퍽이는 갯벌까지. 그래서 생김새나 삶꼴이 매우 다양하다. 사는 곳이 폭넓은 만큼 수도 참 많은데, 척추동물 전체의 절반 이상이 물고기라고 한다.

물고기는 크게 바다에서 사는 바닷물고기(해수어)와 강이나 호수 등 민물에서 사는 민물고기(담수어)로 나뉘지만, 바닷물과 민물이 섞이는 강어귀에 사는 기수어와 바닷물·민물 상관없이 어디서든 살 수 있는 종도 있다. 예를 들면 연어나 송어는 강에서 태어나 어느 정도(1~4년) 자라면 바다로 나간 뒤, 알을 낳을 때 다시 강으로 돌아오는 회유성(回遊性) 물고기다.

사는 곳이 워낙에 다양하다 보니 수온도 제각각일 터, 물고기는 삶터의 온도에 따라 체온이 달라지는 변온동물이기는 하지만, 개중에는 백상아리, 청상아리처럼 항온동물인 경우도 있다.

연어

삶의 대부분을 물속에서 보내므로 허파가 아닌 아가미를 통해서 숨을 쉰다. 물속에 녹아 있는 산소를 입으로 빨아들여 아가미로 몸속의 이산화탄소를 내보낸다. 대부분 머리 양옆에 아가미가 하나씩 있지만, 상어처럼 여러 개 있는 경우도 있다. 한편, 아가미가 아닌 피부나 허파로 숨을 쉬는 종도 있다.

물고기의 전체 생김새는 새처럼 유선형으로, 물의 저항을 최대한으로 줄여 자유롭게 헤엄칠 수 있게끔 발달했다. 보통 지느러미로

상어

⚙ 물고기 몸 구조

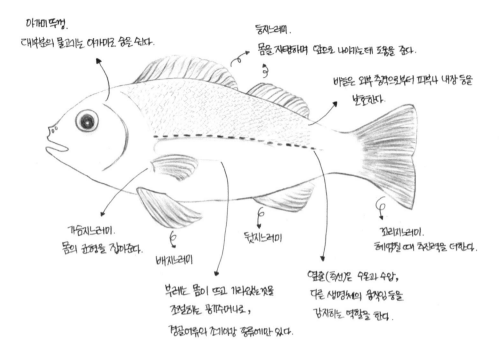

아가미뚜껑.
대부분의 물고기는 아가미로 숨을 쉰다.

등지느러미.
몸을 지탱하며 앞으로 나아가는데 도움을 준다.

비늘은 외부 충격으로부터 피부나 내장 등을 보호한다.

가슴지느러미.
몸의 균형을 잡아준다.

배지느러미

뒷지느러미

꼬리지느러미.
헤엄칠 때 추진력을 더한다.

부레는 몸이 뜨고 가라앉는 것을
조절하는 풍선주머니로,
경골어류와 조기아강 종류에만 있다.

옆줄(측선)은 수온과 수압,
다른 생명체의 움직임 등을
감지하는 역할을 한다.

부레

물고기 몸속에 있는 공기주머니입니다. 쉽게 풍선을 떠올리면 된다. 풍선처럼 속에 공기가 많으면 뜨고, 적으면 가라앉는(부침) 원리다. 물고기는 부레에 있는 공기의 양을 적당히 맞추며 물속에서 부침을 조절한다. 모든 물고기에게 부레가 있는 것은 아니고, 경골어류에 속하는 조기아강에만 있다. 부레는 몸이 뜨고 가라앉는 것을 조절하는 것 외에도 소리를 듣거나 숨을 쉬는 것과도 관련이 있다고 한다.

이동하며, 지느러미는 몸 어디에 붙었느냐에 따라 저마다 다른 기능을 한다. 대표적으로 등지느러미는 몸을 지탱하면서 앞으로 나아가는 데 도움을 주고, 가슴지느러미는 몸의 균형을 잡아 주며, 꼬리지느러미는 헤엄칠 때 추진력을 더해 준다. 또 종에 따라서는 갯벌을 기거나 물 위로 떠오르는 데 쓰이기도 한다.

물고기 몸은 비늘로 덮여 있다. 그래서 외부에서 발생하는 충격으로부터 피부나 내장 등을 보호할 수 있고, 피부로 숨을 쉬는 종에게는 호흡기관이 되기도 한다. 몸 가운데 부분에는 가로로 지나는 옆줄(측선)이 있는데, 이는 수온과 수압, 다른 생명체가 움직이면서 발생하는 진동과 물의 흐름 등을 감지하는 역할을 한다.

내 낡은 기억 속의
물고기

진화론적으로 어류는 네발동물(포유류, 파충류, 양서류, 조류), 즉 척추동물의 조상으로 볼 수 있다. 과거 물속에서 살던 생물 중에서 뭍으로 나와 진화한 것이 네발동물이고, 그대로 물속에 살면서 진화한 것이 현재의 어류라는 것이다. 그래서일까, 인류 진화와 관련된 이야기나 예술 작품 속에서는 물고기나 바다와 관련된 것이 많다.

20세기 중반까지는 어류도 어상강(魚上綱) 또는 어강(魚綱)이라는 큰 갈래로 묶어 다시 하위단계로 분류했다. 하지만 어류는 진화론적 관점에서 척추동물의 조상 격이므로, 위와 같은 방식은 어류라는 무리를 분류하는 데 설득력이 떨어져 지금은 거의 사용하지 않는다고 한다.

현재 어류를 분류학적으로 간단하게 정의하면, 동물계>척삭동물문>척추동물아문 중에서 네발동물을 제외한 동물을 일컫는다. 크게는 멸종한 무리인 판피어강·극어강과 멸종한 종과 현존하는 종이 섞인 무악어강, 현존하는 무리인 연골어류·경골어류(조기아강, 육기아강)로 나눌 수 있으나, 이는 학자에 따라 다소 차이가 난다.

어류 분류

멸종한 종	판피어강	최초로 턱에 뼈가 생긴 물고기	
	극어강	연골어류와 경골어류의 특징을 고루 지니며 현재의 상어를 닮은 물고기	
멸종+현존하는 종	무악어강	먹장어강(현존)	믹장어, 꾀장어 등
		두갑강(멸종)	갑주어류
현존하는 종	연골어류	뼈가 딱딱하지 않은 연골로 이루어진 물고기 가오리류, 상어류, 은상어류 등	
	경골어류	뼈가 딱딱하고 부레가 있으며, 대부분의 물고기가 여기에 속한다.	

우리나라에 사는 물고기를 살펴볼 때는 민물고기에 국한한다. (바다를 우리나라, 남의 나라의 것으로 나눌 수도 없을뿐더러 나눈다고 해도 바다 속을 다 들여다볼 수는 없으니 말이다.) 민물고기는 바닷물을 견딜 수 있는 정도에 따라서 1차 담수어와 2차 담수어로 나뉜다. 민물에서만 살 수 있는 잉어류나 메기류 등이 1차 담수어고, 일시적이나마 바닷물에 견딜 수 있는 뱀장

어와 같은 물고기를 2차 담수어라고 한다.

지금까지 우리나라에 사는 것으로 알려진 민물고기는 213종이다. 우리나라에만 사는 고유종은 어름치, 꾸구리, 미호종개, 꼬치동자개, 여울마자 등을 비롯한 64종이 있으며, 양식이나 자원 조성 등의 이유로 우리나라에 들어온 외래종은 무지개송어, 배스, 블루길 등 12종이다.

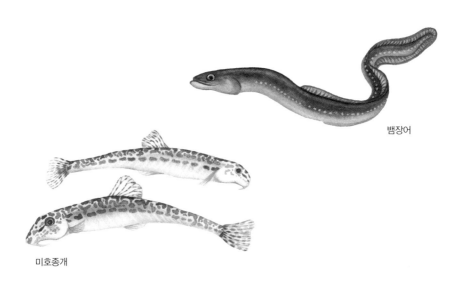

뱀장어

미호종개

생물분류 수첩

곤충

진정 적응할 줄 아는 너희가
이 지구의 챔피언

곤충은 지구 역사상 처음으로 하늘을 날았고, 전체 동물 수의 80퍼센트를 웃돌며, 지구 생태계 순환을 돕는 데 이바지한다. 또한 먹지 않고도 자랄 수 있으며, 환경에 적응하기 위해서라면 몇 번이고 모습을 바꿀 수도 있다. 이쯤은 되어야 지구의 주인이라고 부를 수 있지 않을까?

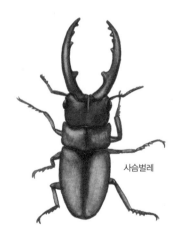

사슴벌레

현재 지구에는 약 180만 종의 동물이 있고, 그중 150만 여 종이 곤충이라고 한다. 전체 동물의 약 80퍼센트가 넘는 비중을 곤충이 차지하는 셈이다. 이 정도면 곤충이 지구의 주인이라는 말이 괜히 나온 게 아니다 싶다.

대부분 크기가 작아서 사람 눈에는 잘 띄지

앞지만, 중요한 건 눈에 보이지 않는다는 말처럼 지구 생태계가 건강하게 순환하는 데 큰 역할을 한다. 주로 식물을 먹잇감으로 하는데, 식물을 먹은 뒤 나오는 곤충의 배설물은 토양을 비옥하게 만드는 데 쓰인다. 또 곤충은 죽은 동물의 몸이나 배설물을 먹으면서 유기질을 무기질로 바꾸는 분해자 구실도 톡톡히 한다.

곤충 분류

	톡토기강	낫발이목, 좀붙이목, 톡토기목	
		무시아강 (날개 없는 무리)	돌좀목, 좀목
곤충강	유시아강 (날개 달린 무리)	고시류 (날개를 접을 수 없는 무리)	하루살이목, 잠자리목
		신시류 (날개를 접을 수 있는 무리)	딱정벌레목, 나비목, 벌목, 파리목, 밑들이목, 벼룩목, 날도래목, 풀잠자리목, 부채벌레목, 메뚜기목, 바퀴목(사마귀목, 흰개미목 포함), 강도래목, 귀뚜라미붙이목, 대벌레목, 집게벌레목, 다듬이벌레목, 이목, 총채벌레목, 노린재목(매미목 포함), 뱀잠자리목, 약대벌레목, 흰개미붙이목, 민벌레목

지구의 하늘문을 열다

곤충은 지구에서 가장 먼저 하늘을 난 비행사
다. 그러나 약 4억 3,000만 년 전, 지구에 처음
나타난 곤충은 날개가 없는 무시류無翅類였다. 그 후 1억 년 정도 지난
고생대 석탄기에 곤충의 첫 비행이 시작되었는데, 주인공은 80센티미

잠자리

곤충은 알을 깨고 나온 애벌레가 자라 어른벌레가 되거나 애벌레 시기 다음에
번데기 과정을 거치고서 어른벌레가 된다. 이처럼 자라면서 모습이 변하는 것
을 탈바꿈이라고 하는데, 그 과정에 따라 무탈바꿈, 불완전탈바꿈, 완전탈바꿈,
과탈바꿈으로 나뉜다.

무탈바꿈(탈바꿈하지 않음)
곤충 중에는 간혹 탈바꿈 과정을 거치지 않고 몸 크기만 커지는 경우가 있는데,
이를 무탈바꿈이라 한다. 종류로는 톡토기, 낫발이, 좀 등이 있다.

불완전탈바꿈
알-애벌레-어른벌레 순으로 자라는 탈바꿈을 말한다. 잠자리, 하루살이,
강도래, 매미, 메뚜기, 노린재 등이 여기에 속한다.

완전탈바꿈
알에서 나온 애벌레가 번데기 시절을 거친 후 어른벌레가 되는 것이
완전탈바꿈이다. 딱정벌레, 나비, 벌, 파리 무리 등이 이에 속한다.

과탈바꿈(과하게 탈바꿈함)
완전탈바꿈 과정에서 애벌레 시절에 먹이가 바뀌거나 생김새
가 한두 번 더 변하는 것을 말한다. 사마귀붙이나 가뢰가 과
탈바꿈을 한다.

호랑나비 번데기

터쯤 되는 날개를 단 거대 잠자리 메가네우라Meganeura. 화석을 보면 크기만 클 뿐, 생김새는 지금의 잠자리와 별반 다름이 없다.

곤충이 진화한 순서를 보면 먼저, 날개가 없는 무리에 이어 날개 있는 무리가 나타났고, 날개 달린 곤충 중에서는 불완전탈바꿈하는 무리에서 완전탈바꿈하는 무리로 진화했다. 석탄기 다음 시대인 페름기에 겉씨식물이 번성하면서 곤충도 30목 정도로 늘어났으나, 지구 환경이 변하면서 이때의 곤충 대부분이 페름기 말기에 멸종했다. 이 중 현재까지 살아남은 것은 하루살이, 바퀴, 메뚜기 무리다. 곤충의 종류가 다양해진 것은 중생대 트라이아스기 초기 즈음이고, 오늘날과 같은 생김새는 씨로 번식하는 종자식물이 발달한 백악기 무렵이라고 한다.

적응의
귀재들

톡토기

앞서 말한 것처럼 곤충은 지구에서 가장 수가 많은 무리다. 곤충이 이토록 번성할 수 있었던 이유는 주어진 환경에 적응을 잘 했기 때문이라는데, 그들의 적응력은 어디서 나오는 것일까?

첫째, 몸집. 곤충은 체구가 조그마하니 어디든 쏙 숨을 수 있으므로 천적으로부터 몸을 보호하기에 좋다. 또한 먹는 양이 적어도 체력을 유지할 수 있으므로 효율적이다. 곤충의 몸은 머리, 가슴, 배로 나뉜다. 머리에는 감각기관인 눈(겹눈, 홑눈)과 더듬이, 입이 있다.

가슴은 앞뒤로 나뉘며, 날개와 다리가 달려 있
다. 다리는 세 쌍(6개)이고, 날개는 두 쌍(4개)이다.
배 속에는 호흡·소화·생식기관 등이 있다.

비단벌레

둘째, 날개다. 땅 위에서만 움직일 수 있는 육상 동물에 비
해 이동할 수 있는 범위가 훨씬 넓으므로 위협을 느낄 때 피
할 수 있는 공간도 더 많을 것. 그리고 먹이 환경이나 새끼를 키우기에
더 나은 곳을 찾아 나서기에도 훨씬 수월하다.

셋째, 피부가 곧 뼈라는 점도 곤충이 주어진 환경에 적응하는 데 유
리하게 작용했다. 곤충의 뼈는 몸 표면을 마치 피부처럼 덮고 있는 외골
격으로, 키틴이라는 물질로 이루어져 있다. 키틴은 갑각류 피부에서도
볼 수 있는 성분으로, 몸속의 기관을 보호하기에 충분할 만큼 단단하면
서도 날아오르는 데 부담이 되지 않을 정도로 가볍다. 또한 표면은 왁스
층으로 덮여 있어, 몸 안의 수분이 밖으로 삐져나가는 것을 막아 준다.

한편, 외골격은 단단하게 고정되어 있으므로 자라면서 점점 커지는
몸집을 감당하기가 어렵다. 그래서 곤충은 숙명적으로 탈바꿈을 할 수
밖에 없는데, 이러한 탈바꿈 역시 곤충이 번성하는 데 큰 역할을 했다.

곤충은 탈바꿈을 하지 않는 몇몇 종을 제외하고는 대부분 알-애벌
레-(번데기) 과정을 거쳐 어른벌레가 된다. 각 시기별로 먹이가 달라
서 다양한 환경에서도 살 수 있다. 또한 알과 번데기 단계에서는 아무
것도 먹지 않고도 성장한다고 하니, 곤충은 그야말로 환경적응에 최적
화된 무리다.

거미

나는 너를
오해했다

꽤 오랫동안 거미가 곤충인 줄 알았다. 거미는 다 거미줄을 친다고 생각했고, 당연히 공중에서만 산다고 여겼다. 곤충만큼이나 수도 많고, 어느 환경에나 잘 적응해 흔히 볼 수 있는 무리건만, 거미에 대해 아는 것보다 모르는 것이 더 많다. 지나다 거미가 보이면 사과 한 마디 해야겠다.

거미는 곤충이 아니라
그냥 '거미'

궁색한 변명부터 하자면, 거미와 곤충은 자그맣고 다리도 많은 것이 생김새가 닮아서 거미를 곤충이라고 생각했다. 게다가 두 무리 모두 절지동물문(다리가 마디로 이어진 동물 무리)에 속하지 않는가. 물론 조금만 자세히 들여다보면 이 둘은 닮은 점보다는 다른 점이 많다는 것을 알 수 있기는 하다. (그래서 나의 변명은 '궁색' 하다.)

먼저 몸 구조 자체가 다르다. 곤충의 몸은 머리, 가슴, 배로 나뉘지만, 거미는 머리와 가슴이 하나로 붙어 있어 전체적으로 머리가슴 부분과 배 부분으로 나뉜다. 또한 곤충은 다리 세 쌍(6개)에, 두 쌍(4개)인 날개가 있지만, 거미는 다리가 네 쌍(8개)이고 날개가 없다. 곤충의 눈은 머리에 겹눈과 홑눈으로 나뉘어 있는 반면, 거미는 머리가슴 부분에 홑눈만 6~8개가 붙어 있다.

성장하는 과정도 차이가 난다. 곤충은 알에서 깨어나 탈바꿈을 하면서 자라지만, 거미는 탈바꿈 과정 대신 허물벗기를 하면서 몸집이 커지며 어른거미가 된다.

곤충과 거미는 동물계> 절지동물문에서 각각 곤충강과 거미강으로 분류된다. 그렇다면 거미강에 속하는 무리는 모두 우리가 말하는 '거미'일까? 답은 '아니다'이다. 거미강은 다시 11목으로 나뉘는데, 거미는 이 중 한 목인 거미목에 속하는 동물만을 가리킨다. 우리나라에 사는 거미는 46과 726여 종으로 알려진다. 이들은 실젖*이 어디에 있는지, 위턱의 독이빨이 어느 방향으로 움직이는지, 체판*이 있는지 없는

＊

실젖 거미줄을 만드는 기관으로, 한 번에 한 가닥에서 몇 가닥 정도만 뽑아낸다. 전체적으로 둥그름하면서 뾰족하게 튀어나왔다.
앞실젖, 가운데실젖, 뒷실젖으로 이루어져 있으나, 가운데실젖은 실을 잣는 기능이 상실됐다. 실젖이 배 가운데 있으면 가운데실젖거미아목, 끝에 있으면 뒷실젖거미아목으로 나뉜다.

체판 역시 거미줄을 잣는 기관이지만, 실젖과는 달리 일직선으로 생겨서 거미줄을 대량으로 뽑아낼 수 있다. 먹이를 거미줄로 칭칭 동여매고서 잡아먹는 종에서 많이 나타난다.
새실젖거미하목은 체판의 유무에 따라 겹생식기·홑생식기무리로 분류된다.

지, 발톱*이 몇 개인지에 따라 종이 구분된다.

모든 거미가 '실 잣는 사냥꾼'은 아니다

거미라면 다 실을 뽑아 그물을 만들고, 그 위에 앉아 먹이가 그물에 걸리기를 기다리는 줄 알았는데 아니란다. 거미줄을 치고 그 위에서 사냥하며 생활하는 정주성定住性 거미도 있지만, 거미줄을 치지 않고 돌아다니면서 사는 배회성徘徊性 거미도 있다.

정주성 거미는 주로 허공에 그물을 만들지만, 모두가 그렇지는 않다. 한국땅거미나 주홍거미처럼 땅속에 거미줄을 치고 사는 종류도 있고, 물거미처럼 물속 바닥이나 수초 사이에 집을 짓는 경우도 있다. 또, 꼬마

주홍거미

거미는 바위와 바위 사이, 낙엽 쌓인 곳, 땅이 갈라진 틈 등과 같이 어두컴컴하고 축축한 곳에 그물을 치고 생활한다.

배회성 거미는 이름처럼 이곳저곳을 배회하면서 먹이를 잡아먹고 사는 무리다. 우리나라에 사는 거미 중에는 팔공거미과, 밭고랑거미

✳

발톱 거미 다리는 7마디로 이루어지는데, 마지막 마디에 발톱이 있다.
겹생식기무리에서 발톱이 2개면 두발톱무리, 3개면 세발톱무리로 다시 나뉜다.
보통 거미그물을 치지 않는 배회성 거미가 발톱이 2개고, 그물을 만드는 정주성 거미는 발톱이 3개다.

과, 농발거미과, 새우게거미과, 늑대거미과, 깡충거미과 등이 이에 속한다. 그러나 배회성 거미도 높낮이가 다른 곳을 오르락내리락할 때, 천적으로부터 몸을 숨길 때, 알을 보호할 때 등에는 거미줄을 만들어 이용한다.

깡충거미

거미, 그들이 사는 세상

정주성 거미는 거미그물을 이용해, 배회성 거미는 돌아다니거나 잠복해서 주로 작은 곤충을 사냥하는데, 잡은 먹잇감을 먹는 방법이 꽤 독특하다. 먹이를 씹거나 자를 이빨이 없기 때문에, 유일한 이빨인 독이빨을 이용한다. 먹잇감을 잡으면 일단 독이빨로 물어서 독액과 소화액을 주입하고 먹잇감 안에서 예비소화(먹이를 액체 상태로 만드는 과정)가 될 때까지 기다린다.

어느 정도 시간이 지나면, 마치 빨대로 물을 빨아먹듯이 입으로 먹잇감을 쪽쪽 빨아먹는다. 거미에게 먹힌 먹잇감은 바싹 마른 채 껍질만 남는다. 정주성 거미 중 몇몇은 이 껍질을 거미그물에 두고서 몸을 숨기는 데 이용하기도 한다.

거미는 허물을 벗는 횟수나 성장 기간, 수명이 종에 따라 차이가 많이 나서, 거미의 일생을 한 마디로 정의하기란 어렵다. 다만, 허물을 벗는 횟수는 적으면 1~2회, 많으면 10회 정도이고, 몸집이 작은 종보다는 큰 종이 허물을 더 많이 벗는다. 보통 암컷이 수컷보다 몸집이 크므로 허물도 더 많이 벗는다. 수명 또한 수컷보다는 암컷이 긴 것으로 알려진다.

무당거미의 한살이를 예로 들어 보자. 무당거미는 늦가을에 알을 낳고, 이듬해 5월 즈음 부화한다. 알에서 나온 새끼들은 자신이 태어난 곳에서 높은 곳(주로 나무 꼭대기나 나뭇가지 끝, 건물 위)을 향해 무작정 오르기 시작한다. 웬만한 높이에 다다르면, 바람의 상태를 보고 적당하다 싶을 때 실젖에서 거미줄을 몇 가닥 뽑아 공중으로 날리면서 날아오른다. 이것을 유사비행이라고 한다.

무당거미 새끼들이 유사비행을 하는 이유는 태어난 곳에서 가능한 먼 곳으로 가기 위해서다. 알을 깨고 나온 새끼들이 한 곳에 모여 살면 아무래도 먹이가 부족해 먹이 경쟁이 치열해질 것이므로, 본능적으로 제 살길을 찾아 바람에 몸을 날리는 것이다.

흩어진 새끼들은 새로운 환경에 적응해 거미줄을 치고 사냥을 하며 살아간다. 몇 차례 허물을 벗고 어른거미가 되면 제 짝을 찾아 짝짓기를 한다. 짝짓기가 끝나면 수컷은 생을 마감하고, 암컷은 기온이 영하로 떨어지기 전인 늦가을에 알을 낳고, 거미줄을 자아 알을 보호하는 알주머니를 만든다.

무당거미

생물분류 수첩

양서류

흔하다고 여길 게
아니었다!

우리나라에 사는 양서류는 북한에 산다고 알려진 종까지 포함해도 19종으로, 종수가 꽤 적다. 그중 도롱뇽 무리는 5종뿐이고, 개구리 무리에서는 멸종위기종으로 지정된 것이 3종이나 된다. 어린 시절, 도롱뇽·개구리 알을 심심찮게 보았고, 여름이면 거의 매일 밤 개구리 울음소리를 들었다. 그런 기억 탓에 그저 흔하다고만 생각했던 우리나라 양서류. 여기에는 어떤 아이들이 있는지, 보기 어려운 아이들은 누구인지 살펴보자.

　동물계> 척삭동물문> 양서강에 속하는 양서류^{兩棲類}는 이름에서도 알 수 있듯이, 물과 뭍 양쪽^兩을 오가며 사는^棲 무리다. 우리말로는 물뭍동물이라고 한다. 지구에 사는 생물 중 물속 생활을 하다가 뭍으로 올라와 적응한 첫 번째 동물이다. 진화적으로 보면 어류와 파충류 사이에 있다.

양서류 분류

도롱뇽목 ─ **도롱뇽과**
- 도롱뇽상과 ─ 꼬리치레도롱뇽속 ─ 꼬리치레도롱뇽
  - 도롱뇽속
  - 고리도롱뇽
  - 제주도롱뇽
- 네발가락도롱뇽속 ─ 네발가락도롱뇽 (꼬리에 있다)
- 이끼도롱뇽아과 ─ 이끼도롱뇽속 ─ 이끼도롱뇽

> 꼬리에 유일하게 피분비샘에 생겨 악취를분비한 조.
> 2007年 4月에 대전 갑천에서 발견되었음.

개구리목
- 무당개구리과 ─ 무당개구리속 ─ 무당개구리
- 두꺼비과 ─ 두꺼비속 ─ 두꺼비
  - 물두꺼비
  - 작은두꺼비 (아래도 부류에 있다.)
  - 산청두꺼비
- 청개구리과 ─ 청개구리속 ─ 청개구리
  - 수원청개구리 ★ 멸종위기종 I급
- 맹꽁이과 ─ 맹꽁이속 ─ 맹꽁이 ★ 멸종위기종 II급
- 개구리과 ─ 개구리속 ─ 한국산개구리
  - 아무르산개구리 · 이무르산개구리 (선배초에서 부른다)
  - 북방산개구리 (선배초에서도 부른다)
  - 계곡산개구리
  - 참개구리
  - 금개구리 ★
  - 옴개구리
  - 한국산개구리 (꼬리에 있다)
  - 황소개구리

도롱뇽류 (유미류)
꼬리가 있는 무리

울지 않는다.

개구리류 (무미류)
꼬리가 없는 무리

개굴

울음소리 (두개라에 별지 않는다)

씌어내서 운다.

국립환경과학원 (2011) 한국의 양서류로 재분류되었다.

하지만 '모든 양서류는 이렇다.'고 할 만한 공통점은 없다. 이름처럼 보통 물과 뭍을 오가며 살지만, 평생 뭍이나 물 한쪽에서만 사는 종도 있고, 종류에 따라 생김새도 많이 다르기 때문이다. 양서류는 크게 꼬리가 있는(유미목) 도롱뇽목과 없는(무미목) 개구리목, 그리고 다리가 없는 무족영원목으로 나뉜다. 무족영원목은 우리나라에 살지 않으므로, 우리나라 양서류를 분류할 때는 도롱뇽목과 개구리목으로만 나눈다.

도롱뇽,
우리나라에는 5종밖에 없는 귀한 무리

도롱뇽 무리의 몸 구조는 머리, 몸통, 꼬리로 나뉜다. 몸통보다 꼬리가 길어 보이지만, 실제로는 몸통과 꼬리 길이가 거의 같다. 생김새는 파충류인 도마뱀과 아주 비슷하다. 그러나 도마뱀은 피부가 딱딱한 껍질 또는 비늘로 이루어졌지만, 도롱뇽은 피부에 점액을 분비하는 샘이 있어 항상 촉촉하다. 주로 밤에만 활동하는데, 그 이유는 덥고 건조하면 피부를 통해 몸 안의 물기가 빠져나가기 때문이다. 그래서 낮에는 주로 물속이나 어둡고 습한 곳에서 지내므로, 눈에 거의 띄지 않는다.

올챙이 시절을 거치지 않으며, 어릴 때 생김새는 크기만 작을 뿐 성체와 같다. 우리나라에 사는 도롱뇽 무리는 꼬리치레도롱뇽을 제외하고는 다 자라도 크기가 10센티미터 안팎으로 작다. 꼬리치레도롱뇽은 20센티미터 정도로 자란다. 알에서 나오자마자 거미, 곤충, 지렁이 등 다른 동물을 잡아먹는다. 도롱뇽류는 먹이를 씹지 않고 삼키므로, 이는 먹이를 잡는 데만 쓴다.

　우리나라에 사는 도롱뇽 중 이끼도롱뇽을 제외하고는 모두 뭍물동물이다. 2003년 4월 대전 장태산에서 발견된 이끼도롱뇽은 허파가 없는 미주도롱뇽과에 속하는 종이므로, 주로 이끼 낀 바위 근처나 나무 밑 등에 알을 낳고 산다. 이끼도롱뇽이라는 이름도 이런 특징에서 따왔다. 꼬리치레도롱뇽도 허파가 없지만, 어릴 때는 물속에 살며 아가미로 숨 쉬고, 다 자라서는 뭍으로 올라와 피부로 숨 쉰다. 도롱뇽속에 속하는 도롱뇽, 제주도롱뇽, 고리도롱뇽도 어린 시절에는 아가미로 숨 쉬는 것은 마찬가지나, 다 자란 뒤에는 허파로 숨 쉬며 뭍에서 산다.

　도롱뇽, 제주도롱뇽, 고리도롱뇽, 꼬리치레도롱뇽, 그리고 이끼도롱뇽. 우리나라에 사는 도롱뇽 무리는 이 아이들이 모두다. 이 중 제주도롱뇽과 고리도롱뇽은 우리나라 고유종이고, 꼬리치레도롱뇽은 우리나라와 일본에만 산다. 이끼도롱뇽도 주로 북미와 유럽 지역에만 산다고 알려지다가 2003년 우리나라에서 발견된 것이다. 이처럼 우리나라에 사는 도롱뇽 무리는 종수 자체도 적지만, 우리나라 혹은 아시아에만 사는 아이들이 대부분이므로 특히 더 귀하게 여겨진다.

꼬리치레도롱뇽

여름철이면 흔히 볼 수 있는 개구리, 앞으로도 그럴까?

맹꽁이

개구리 무리는 모두 물뭍동물로, 올챙이 시절에는 아가미로 숨 쉬고 탈바꿈한 뒤에는 허파와 피부로 숨 쉬며 산다. 개구리류는 뜀질하거나 헤엄칠 때 알맞도록 다리가 길지만 (특히 뒷다리), 맹꽁이나 두꺼비류는 주로 뭍에서 기어 다니며 생활하므로 다리가 짧다. 크기는 종류별로 다른데, 청개구리와 한국산개구리가 2~4센티미터로 작은 축에 속하고, 다른 개구리류는 보통 7센티미터 안팎, 우리나라에 사는 개구리 무리 중 유일하게 외래종인 황소개구리가 12~20센티미터로 가장 크다. 맹꽁이는 5센티미터 정도이고, 두꺼비류는 6~12센티미터다.

개구리 무리는 물이 있는 곳이면 논이든 숲이든 산이든 상관없이 어디는 산다. 다만 해발고도에 따라 사는 종류가 조금씩 다르다. 흔히 우리나라 산개구리 3종으로 불리는 한국산개구리, 북방산개구리, 계곡산개구리는 생김새가 비슷하므로 사는 곳을 통해 종류를 구별하는 것이 더 수월하다. 한국산개구리는 주로 야트막한 산이나 저지대에 산다. 이전까지는 중국 일부 지역에만 사는 것으로 알려졌다가, 2000년에 우리나라에서도 발견된 계곡산개구리는 높은 산이나 가파른 계곡에 산다. 북방산개구리는 이 둘이 사는 곳 중간 즈음에서 보인다.

어린 시절, 여름이면 밤마다 개구리 울음소리를 듣고, 자동차에 깔려 찻길 위에서 죽은 개구리를 보는 것은 아주 일상적인 일이었다. 그래서일까, 개구리는 으레 흔하기만 한 동물이라고 생각했다. 하지만 우리나라에 사는 개구리는 11종뿐이고, 북한에 사는 아이들까지 합해도 14종밖에 없다고 한다.

그중 3종(수원청개구리, 금개구리, 맹꽁이)은 환경부 지정 멸종위기종이다. 흔히 논개구리라고 부르는 참개구리도 우리나라에서는 멸종위기종이 아니지만, 국제자연보전연맹[IUCN]에서 지정한 준멸종위기종이다. 개체수가 줄어드는 것도 문제지만, 생태정보를 제대로 알 수 없는 종이 알게 모르게 사라져 가는 것은 더욱 큰 문제다. 예를 들어 수원청개구리는 청개구리와 매우 비슷하게 생겼지만, 우는 소리가 다르다고 해서 1980년 신종으로 보고되었다. 하지만 기초적인 생태정보가 없는 상황에서 수는 자꾸 줄어, 2012년 우리나라 양서류 최초로 멸종위기종 I급으로 지정되었다.

물론 어떤 생물에 관심을 두는 데 종수나 개체수가 많은지 적은지, 멸종위기종인지 아닌지는 크게 중요하지 않다. 다만 그저 흔하다고만 여긴 양서류 중에는 우리나라에만 살거나 곧 멸종될지도 모를 아이들이 있다는 걸 알고 나니, 청개구리만 봐도 마음겹다. "곁에 있을 때는 소중한 줄 몰랐다."는 말이 떠오르면서 말이다.

수원청개구리

파충류

'애매한'
가족의 탄생

도마뱀을 좋아한다. 느긋하게 일광욕을 즐기는 모습, 짧은 다리로 빠릿빠릿하게 움직이는 모습, 때로는 시큰둥하게, 때로는 앙증맞게 짓는 표정이 언제 봐도 사랑스럽다. 도마뱀이 파충류다 보니 다른 파충류도 으레 그러겠거니 싶었는데, 알고 보니 모든 파충류가 다 그런 건 아닌 모양이다.

　파충류는 동물계〉 척삭동물문〉 파충강에 속하는 척삭동물이다. 보통 거북목, 뱀목, 악어목, 옛도마뱀목 4개 무리로 분류하는데, 학자들에 따라 거북목, 뱀목 2개 무리로 분류하기도 한다. 다만 왜 4개 무리 또는 2개 무리로 나누는지에 대한 명확한 기준은 알 수 없다. 파충류는 다른 동물군처럼 공통적인 특징을 가진 동물을 한데 묶은 것이 아니라, 분류하기 애매한 아이들을 뭉뚱그려 모은 무리라니 그럴 만도 하다 싶다.

같은 점보다 다른 점이 더 많은
파충류 가족

몸은 보통 머리, 몸통, 꼬리로 나
뉘고, 머리와 몸통 사이에는 목 부분이
있어 머리를 움직일 수 있다. 대부분
꼬리는 긴데, 이는 오랜 물속 생활에
적응하면서 진화한 것이고, 꼬리를 마음대로
휘감을 수 있는 것은 나무 위에서 편하게 생
활하기 위해 진화한 것이란다. 한편, 거북처럼
종류에 따라서는 꼬리가 짧기도 하다.

바다거북

다리는 4개고, 앞다리와 뒷다리에 각각 발가락이 5개 있다. 발가락
에는 각질로 이루어진 발톱도 있다. 다리는 보통 짧아서 배를 거의 땅
에 대다시피 하며 걸어 다닌다. 그러나 이 또한 모든 파충류가 그런 것
은 아니다. 뱀처럼 다리가 퇴화했거나 없어진 종류도 있다.

파충류는 일반적으로 알을 낳지만, 뱀목의 몇몇 종은 새끼를 낳기도
한다. 새끼를 낳는 경우도 태생과 난태생으로 나뉜다. 태생은 말 그대
로 새끼를 낳는 것이고, 난태생이란 어미 몸속에서는 알로 존재하지
만, 태어날 때는 알을 깨고 새끼로 나오는 것을
말한다.

무자치

태어나는 순간부터 이렇게 다른 점이
많은 녀석들이 파충류라는 한 가족으로
불린다는 것이 참 재밌다.

생물분류 수첩

그러나 이 가족에게도 공통점은 있다. 모두 허파로 숨을 쉰다는 것. 새끼 때는 아가미로 숨을 쉬고, 어른이 되면 허파로 숨을 쉬는 양서류와 달리, 파충류는 평생 허파로 숨 쉰다. 또 양서류는 피부로도 호흡하는 종이 있지만, 파충류는 피부가 딱딱한 껍질과 각질로 된 비늘로 이루어져 피부를 통해 숨을 쉬지는 않는다.

장지뱀

피부가 딱딱하다 보니 몸 안의 수분이 밖으로 빠져나가지 않아 사막과 같은 건조한 곳에서도 잘 사는 것이란다. 파충류는 남극을 제외한 전 대륙에서 살며, 특히 열대와 아열대 지방에 많다. 그뿐만 아니라 뭍에서 사는 종도 있고, 물에서 사는 종도 있다. 어쩜 이렇게 다양한 환경에서 살 수 있을까?

파충류는 약 3억 년 전, 고생대 석탄기에 양서류와 파충류의 중간쯤으로 보이는 세이무리아Seymouria에서 갈려 나온 것으로 본다.(세이무리아를 파충류의 직접조상이라고 보기에는 시대가 너무 이르다고 해서, 이 무리를 파충류와 같은 조상에서 평행하게 파생한 것이라 보는 견해도 있다.) 세이무리아가 특히 중생대부터 육지, 바다, 하늘 모든 곳에서 적응했다는 데서, 현재 파충류가 여러 환경에서 살 수 있게끔 진화한 것으로 볼 수 있다.

모두 변온동물이라는 공통점도 있다. 그래서 파충류는 외부 온도에 영향을 아주 많이 받는다. 체온이 떨어지면 온도가 높은 곳으로 이동해야 하는데, 그렇지 못하면 움직일 수 없게 된다. 반대로 주변 온도가 너무 높아도 생활하는 데 어려움이 따르므로 선선한 곳으로 이동해야 한다. 파충류는 저마다 생활을 유지할 수 있는 적정온도가 있단다. 종에 따라 다른데 보통 24~32도다. 생활하기에 가장 좋은 최적온도에 따라 사는 곳이나 활동하는 시간이 달라진다.

앞서 언급한 것처럼 파충류는 주로 열대와 아열대처럼 따뜻한 지방에 많이 산다. 추운 지방에 사는 종류도 있기는 한데, 이런 아이들은 날이 많이 추워지면 겨울잠을 잔다. 파충류는 추운 것만큼 몹시 더운 것도 싫어서 열대 지방에 사는 아이들도 건기에는 여름잠을 잔다. 이렇게 오랫동안 먹이를 먹지 않거나 숨을 쉬지 않아도 살 수 있는 이유는 재생력이 아주 뛰어나기 때문이다.

비록 생김새도, 생태도 참 많이 다르지만, 물이든 뭍이든, 춥든 덥든 간에 상관없이 주어진 환경에 '끝내주게' 적응하는 모습을 보면 파충류는 분명 한 가족임에 틀림없어 보인다. 물론 파충류 가족사진을 찍는다면 조금 애매하기는 하겠지만.

이구아나

> 포유류

엄마 젖을 먹고 자라므로
내 조카도 포유류다

2년 전 봄, 조카가 태어났다. 녀석은 열 달 동안 엄마 뱃속에서 태반을 기반으로 자랐고, 태어나서 얼마 동안은 줄곧 엄마 젖만 먹으며 지냈다. 다른 건 먹지도 않았는데 히루가 다르게 쑥쑥 자랐다. 그래서 녀석은 '포유류'고 그 안에서도 '유태반류'에 속한다. 늑대, 나무늘보, 고래와 같은 무리다.

생김새, 삶꼴은 제각각이어도
모두 젖먹이동물

생물분류표를 보고 있으면 '어쩜 이렇게 다른 아이들이 한 무리에 속할까?' 하는 생각이 들 때가 많은데, 특히 포유류가 그렇다. 어떻게 몸무게가 40그램 정도밖에 되지 않는 둥근귀코끼리땃쥐와 18톤에 육박하는 흰긴수염고래가 동물계> 척삭동물문> 포유강이라는 같은 카

테고리 안에 있을 수 있을까? 생김새도 먹잇감도 사는 곳도 저마다 다른 데 말이다.

각양각색인 이들을 하나로 묶는 유일한 공통점은 젖먹이동물이라는 점이다. 그래서 이 무리의 이름도 젖을 먹인다는 뜻의 포유류인 것. 언뜻 포유류하면 새끼를 낳고 젖을 물리는 동물이라고 생각하기 쉽지만, 모두가 그렇지 않다. 포유류는 크게 단공류, 유대류, 유태반류로 나뉘는데 이 중 단공류는 알을 낳는 무리다.

포유류는 다른 동물 무리에 비해 진화에 성공했다는 의견이 많은데 그 이유 중 하나가 어미젖을 먹고 자라기 때문이라고 한다. 어미가 젖을 물리며 새끼를 키우는 동안 유전되지 않은 정보가 자연스럽게 새끼에게 전달된다. 어미에게 생존에 필요한 지혜를 배운 포유류는 이를 바탕으로 어떤 환경에서도 적응할 수 있는 다양한 행동을 보였고, 이것이 진화로 이어졌다는 것이다.

포유류가 진화에 성공한 또 다른 이유로 '항온동물'이라는 점을 꼽는다. 외부 온도에 상관없이 항상 일정한 체온을 유지하는 동물을 항온동물이라고 한다. 이처럼 체온이 항상 같으려면 체온이 급격히 떨어지거나 오르는 것을 막아야 하는데 포유류는 몸 안에서 그러한 작용이 이루어진다.

고래

먼저 체내에 열이 발생하려면 산소가 필요한데 포유류의 심

포유류 분류

단공류 (알을 낳는 무리)	오리너구리, 가시두더지 등	
유대류 (육아낭이 있는 무리)	캥거루, 코알라, 주머니너구리, 주머니쥐 등	
유태반류 (태반이 있는 무리)	유린류	천산갑류
	빈치류(이빨이 약하거나 없음)	개미핥기, 나무늘보 등
	식충류(곤충을 먹이로 삼음)	땃쥐, 두더지, 고슴도치 등
	날원숭이류	날원숭이
	박쥐류	박쥐
	영장류	사람, 원숭이, 고릴라 등
	고래류	고래
	설치류(이빨로 먹이를 갉아먹음)	쥐, 다람쥐 등
	토끼류	토끼
	식육류(육식을 함)	늑대, 호랑이, 곰, 물범 등
	관치류	땅돼지
	바위너구리류	바위너구리
	장비류	코끼리
	바다소류	듀공, 매너티 등
	소(우제)류 (먹이를 먹을 때 되새김질 함)	소, 물소, 하마, 사슴 등
	말(기제)류(발굽이 있음)	말, 당나귀, 코뿔소 등

장은 몸 전체에 산소가 고루 전달될 수 있도록 2심방 2심실로 나뉘어 있다. 또한 몸속의 열이 밖으로 빠져나가는 것을 막기 위해 피부에는 털이 있다(가시두더지나 고슴도치처럼 털이 가시로 변했거나 인도천산갑처럼 비늘로 변한 예도 있다). 반대로 열이 너무 많이 발생하면 피부에 있는 땀샘을 통해 땀을 몸 밖으로 내보내 체온을 떨어뜨린다. 하지만 예외로 나무늘보나 가

시두더지류처럼 주변 기온에 따라 체온
이 변하는 변온성 동물도 있다.

　포유류는 똑똑한 동물의 상징이기
도 하다. 다른 동물 무리에 비해 두뇌 의존도
가 높아 뇌 크기도 큰 편이다. 공룡이 지구의 주
인이었던 쥐라기, 백악기에 포유류는 지금의 쥐

나무늘보

정도로 작았다. 그래서 덩치가 큰 공룡을 피해서 주
로 밤에만 활동했던 탓에 시각뿐 아니라 촉각, 후각, 청각을 모두 이용
해야 했다. 여러 감각으로 전해지는 정보를 한꺼번에 이해해야 했으므
로 포유류의 두뇌는 여타 동물보다 커졌고, 자연스레 지능도 높아진
것이다.

사람도 속하는 포유류에는 누가 누가 있을까?

　분류 방법이나 연구자에 따라 차이는 나지만, 현재 지구에 사는 포
유류는 5,000종 정도라 한다. 척삭동물문의 약 10퍼센트, 동물계에서
는 약 0.4퍼센트를 차지하는 수치다. 앞서 언급한 것처럼 포유류는 단
공류單孔類, 유대류有袋類, 유태반류有胎盤類 세 부류로 나뉜다.

　단공류는 배변, 배설, 생식에 필요한 구멍(孔)인 총배설강이 하나(單)
라는 점에서 이런 이름이 붙었다. 다른 포유류는 이 구멍이 모두 따로
있다. 또 이 무리는 포유류 중 유일하게 알을 낳는 난생卵生이어서 오랫

생물분류 수첩

동안 포유류가 아닌 파충류의 일종으로 여겨졌다. 포유류 중에서 가장 원시적인 종류다. 어미에게 젖꼭지가 없어 새끼는 어미의 유선(乳腺)에서 흘러나와 털에 스민 젖을 핥아서 먹는다.

오리너구리와 가시두더지 2종류가 여기에 속한다. 오리너구리는 주로 물속에서 생활하고, 가시두더지류는 땅에 구멍을 파고 들어가 산다. 가시두더지류에는 번식기에 임시로 새끼를 부화시키고 키우는 작은 주머니(육아낭)가 생긴다.

유대류는 캥거루처럼 어미의 배에 육아낭이 있는(有袋) 종류를 가리킨다. 캥거루, 코알라, 주머니너구리, 주머니쥐 등이 있다. 유대류는 태생적으로 태반이 없거나 있어도 불안정해서 임신기간이 짧아(8~40일) 새끼가 미성숙한 상태로 태어난다. 그래서 새끼는 어미의 육아낭에서

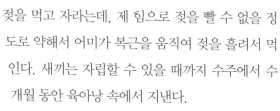

캥거루

젖을 먹고 자라는데, 제 힘으로 젖을 빨 수 없을 정도로 약해서 어미가 복근을 움직여 젖을 흘려서 먹인다. 새끼는 자립할 수 있을 때까지 수주에서 수 개월 동안 육아낭 속에서 지낸다.

이들은 대부분 혼자서 살아간다. 번식할 때 외에는 무리지어 생활하는 일이 거의 없다. 캥거루는 여러 마리가 무리지어 지내기도 하지만, 다른 동물 집단처럼 우두머리가 있다거나 위계질서가 있지는 않다. 한 데 모여 풀을 뜯어 먹는 정도다. 오스트레일리아와 남아메리카에만 산다.

유태반류는 태반이 있는(有胎盤) 무리를 일컫는 말

로, 단공류와 유대류를 제외한 모든 포유류가 이 부류에 속한다. 사람도 유태반류다. 태반은 태아와 어미의 자궁을 연결하는 기관으로, 태아에게 영양분을 공급하고 배설물을 내보내는 기능을 한다. 태생^{胎生}으로, 새끼는 충분히 성숙할 때까지 어미 뱃속에서 자란다.

진화하는 과정에서 식성도 초식과 육식, 잡식으로 나뉘었다. 식습관에 따라 삶꼴도 달라졌는데, 초식동물 중에는 코끼리나 물소처럼 몸집이 크고 무리지어 생활하는 종류도 나타났다. 육식동물은 대부분 혼자서 생활하는 경우가 많지만, 늑대처럼 가족 단위로 사는 종도 있다. 혼자 지내는 종일지라도 겨울철처럼 먹이가 적을 때는 무리지어 먹잇감을 공격하기도 한다. 곰, 너구리, 사람처럼 잡식하는 부류도 있다.

늑대

생물분류 수첩

그들은 뼛속까지
비행주의자다

어릴 때는 날개만 있으면 새들처럼 하늘을 훨훨 날 수 있을 거라고 생각했는데, 그게 아니었다. 새들은 텅 빈 뼛속부터 유선형 날개까지, 신체 모든 것이 날기에 적합한 구조로 이루어졌기 때문이다. 뼛속도 가득 찼고 날개도 없는 나는 새를 부러워 말고 그냥 비행기나 타야겠다.

새야 새야
모든 새야

조류는 동물계> 척삭동물문> 조강에 속한다. 최근 자료에 따르면 우리나라에서 볼 수 있는 새는 텃새, 철새, 나그네새(통과새)를 통틀어 530여 종에 이르며, 머물러 사는 새보다는 철따라 찾아오거나 지나가는 길에 들르는 새들의 비중이 훨씬 높다.

조류 분류

고조아강 (멸종한 무리)	고조목	시조새	
신조아강 (멸종한 무리 +현존하는 무리)	치조상목 (멸종한 무리)	해거름새목	해거름새류, 밥토르니스
	신조상목	코끼리새목	코끼리새(멸망한 무리)
		레아목	레아류(날지 않고 달리는 주조류)
		타조목	타조류(주조류)
		화식조목	에뮤류, 화식조류 등(주조류)
		펭귄목	펭귄류(아예 날지 못하는 무리)
		모아새목	모아새류, 키위새류
		논병아리목	논병아리류
		슴새목	알바트로스류, 바다슴새류 등
		도요타조목	도요타조류
		사다새목	사다새류, 가마우지류 등
		기러기목	오리류, 기러기류, 고니류 등
		홍학목	홍학류
		황새목	왜가리류, 황새류, 저어새류 등
		매목	독수리류, 수리매류, 매류 등
		닭목	꿩류, 메추라기류, 칠면조류 등
		두루미목	두루미류, 뜸부기류, 물닭류 등
		물고기새목	어조류, 아파토르니스 등
		도요목	섭금류, 갈매기류 등
		아비목	아비류
		비둘기목	사막꿩류, 비둘기류, 도도새 등
		앵무목	앵무류, 쇠앵무류
		두견목	부채머리류, 뻐꾸기류 등
		올빼미목	올빼미류
		쏙독새목	쏙도새류, 넓은부리쏙도새류 등
		칼새목	칼새류, 벌새류
		쥐새목	쥐새류
		비단날개새목	비단날개새류
		파랑새목	물총새류, 후투티류 등
		딱따구리목	딱따구리류, 왕부리새류 등
		참새목	명금류, 참새류, 베짜는새류 등

새 중에서 가장 작은 것은 크기 5센티미터에 몸무게가 2그램 정도인 벌새고, 가장 큰 것은 날지 못하는 새 타조로, 크기 2.5미터에 몸무게는 140킬로그램 정도다. 날 수 있는 새 중에서 가장 큰 것은 날개를 편 길이가 3.5미터 정도인 떠돌이알바트로스와 몸무게가 약 23킬로그램이라고 알려진 혹고니류다.

떠돌이알바트로스

조류는 분류상 고조아강과 신조아강으로 나뉜다. 고조아강은 멸종한 무리로, 여기에 속하는 새는 시조새뿐이다. 신조아강에는 역시 멸종한 무리인 치조상목과 현존하는 조류가 모두 포함된 신조상목(30목)이 속한다.

바람을 타고 날아오르는
새들은 걱정 없이

조류는 온몸이 깃털로 덮여 있고, 이빨이 없는 부리를 가진 온혈동물이다. 알을 낳는 난생卵生이고, 포유류처럼 심장구조는 2심방 2심실이다.

신체구조는 하늘을 날기에 아주 적합하게끔 이루어져 있다. 가장 먼저 앞다리가 날개로 진화했다. 날개 모양은 앞부분은 곡선이고 뒷부분으로 갈수록 뾰족해지는 유선형으로 생겼는데, 이는 공기의 저항을 가능한 적게 하기 위해서다.

새는 뼈가 가늘고 속이 텅 비어 있어 몸이 가벼운데다 손발이나 이

빨 없이도 먹이를 잡고 삼킬 수 있는 가벼운 부리가 있어서 중력이 잡아끄는 힘에 더욱 얽매이지 않고 하늘로 날아오를 수 있다. 또한 새의 몸속에는 공기주머니라는 기관이 있다. 허파와 이어진 이 주머니는 숨을 쉴 때마다 더 많은 공기를 몸 안으로 들여보내는 역할을 하면서 새가 공중에 잘 떠 있도록 돕는다.

새가 공중에 떠 있을 수 있는 것은 이런 신체구조 덕분이기도 하지만, 양력을 이용하기 때문이기도 하다. 새가 날갯짓을 할 때 날개 위쪽에서 공기가 지나는 거리가 아래쪽보다 길기 때문에, 공기의 속도도 아래쪽보다 위쪽이 빠르다. 이처럼 공기의 속도가 달라지면 기압도 달라지면서 양력이 발생한다. 그래서 날개 위에서는 끌어당기는 힘이, 아래서는 밀어 올리는 힘이 발생해 새는 공기 중에 떠 있을 수 있다.

날지 못하는 새

새라고 해서 모두가 날 수 있는 것은 아니다. 날지 못하는 새란 기본적으로 조류의 골격을 가지고 있으면서도 진화 과정에서 나는 기능이 퇴화되어 비행능력을 잃어버린 종류를 가리킨다. 타조와 같은 주조류와 펭귄이 대표적인 예다. 또 인위적으로 가축화되면서 비행 동기나 능력을 아예 상실한 닭이나 오리, 거위 등도 있다. 현재 날지 못하는 새는 전 세계에 40여 종이 있다고 한다.

흰꼬리수리

새 중에는 자유자재로 날 수 있는 특징을 이용해 계절에 따라 먹잇감이 많거나 번식하기에 좋은 곳을 찾아 이동하면서 사는 종류가 많다. 그래서 극지방에서부터 열대우림에 이르기까지 지구 전 지역에서 새를 볼 수 있다.

먹잇감은 곤충이나 무척추동물, 과일, 종자 등 매우 다양하다. 식물의 잎이나 싹을 먹는 종도 있다. 한 종류의 먹이만 먹는 종이 있는가 하면, 종류를 가리지 않고 먹는 잡식성도 있고, 계절에 따라서 먹잇감이 달라지는 종도 있다. 이빨이 없으므로 먹이를 부리로 잡고는 통째로 삼킨다.

새들은 독특한 울음소리를 내면서 의사소통을 한다. 이런 소리로써 짝을 찾거나, 포식자의 침입을 알리거나, 자신의 세력권을 유지한다. 종마다 알아들을 수 있는 울음소리가 달라서 그 차이를 통해 짝이나 동료를 인지하는 것으로 알려진다.

보통은 일부일처로 번식하고, 번식기 동안 이 관계는 유지된다. 종에 따라서는 수년 동안 이어지기도 하고, 짝이 죽을 때까지 계속되는 예도 있다. 그래서 어미와 아비가 함께 알을 부화시키고 새끼를 키우는 경우가 일반적이기는 하지만, 일처다부나 일부다부의 형식으로 번식하는 종에서는 달라지기도 한다.

고사리
홀씨 되어

많은 생물은 종족번식을 위해 짝을 찾고, 짝의 마음을 얻으려 갖은
애를 다 쓴다. 그러나 그런 노력 없이 유유자적 살아가는 생물이 있는데, 바로
포자로 번식하는 양치식물이다. 타고나기를 홀로 번식·생존하는 홀씨식물이므
로, 평생 외로움 느낄 일은 없겠다. 짝을 찾지 못했거나 짝 찾는 데 지친 이 세상
수많은 솔로들에게는 부러움의 대상일지도.

 양치식물은 포자로 번식한다는 점, 물기 있는 습한 곳에서 산다는 점
에서 언뜻 이끼(선태)식물과 비슷해 보인다. 그러나 양치식물은 몸 안에
물이 이동하는 길인 물관과 양분이 이동하는 길인 체관으로 이루어진
관다발이 있는 관속식물이다(관속식물은 관다발식물, 유관속식물이라고도 부른다).
 양치식물하면 고사리만 떠올리기 쉽지만, 분류학적으로 봤을 때 양

식물 분류

식물	관속식물	양치식물	솔잎란식물문	솔잎란강
			석송식물문	석송강
				물부추강
			속새식물문	속새강
			양치식물문	양치강
		종자식물	겉씨식물(나자식물)	
			속씨식물(피자식물)	
	비관속식물	이끼식물(선태식물)		

치식물은 크게 솔잎란식물문, 석송식물문, 속새식물문, 양치식물문, 4가지 문[門]으로 나뉜다. 고사리는 양치식물문> 양치강에 속하는 식물을 가리키며, 일반적으로 양치식물=고사리류라는 인식이 널리 퍼져 있다. 여기서 다루는 양치식물도 양치식물문> 양치강에 한정했다.

이래 봬도
꽤 젊다우

흔히 양치식물(특히 고사리류)을 종자식물에 비해 먼저 출현한 매우 오래된 식물로 여기는 경우가 많은데, 모든 양치식물이 그렇지는 않다. 화석 기록을 보면, 고생대 석탄기(약 3억 4,500만 년 전)에 나타난 고사리가 가장 오래된 것으로 추정된다. 하지만 이 고사리는 지금의 고사리와 다른 점이 많았는데, 특히 물관과 체관의 배열이 달랐다. 이 때문에 고대 양치류는 분류학적으로 현생 양치류와 다른 과에 속한다.

지금 볼 수 있는 양치류 중에서 제일 오래된 무리는 마라티아과
Marattiaceae로, 석탄기 후기(약 3억 4,000만 년 전)에 출현한 것으로 본다. 그러
나 이것만으로 양치류를 뭉뚱그려 가장 오래된 식물군이라고 하는 것
은 무리가 있다. 현재 지구에 사는 양치식물은 약 1만 종에 이르는데,
마라티아과는 100~200종밖에 없으므로, 전체의 1~2퍼센트에 그치
기 때문이다. 또한 양치식물의 약 80퍼센트는 고란초Crypsinus hastatus형인
데, 고란초형 고사리가 출현한 것은 백악기 후기(약 7,500만 년 전)로 알려
진다. 이는 종자식물이 나타나기 시작한 고생대 페름기(약 2억 9,000만 년
전)보다 꽤나 늦은 시기다. 양치식물은 어쩌면 우리가 생각하는 것보다
훨씬 젊을지도 모른다.

번식,
혼자서도 잘해요

고사리를 떠올려 보자. 끝이 도르르 말려 지팡이처럼 생
긴 것은 새순으로, 우리가 곧잘 나물로 먹는 어린 고사리
다. 전나무처럼 잎과 줄기가 층층이 뻗은 것은 다 자
란 고사리로, 포자체胞子體라고 부른다. 포자체의 잎
뒤에는 동글동글한 포자낭胞子囊이 있으며, 여기서 포
자(홀씨)*가 생긴다. 고사리를 비롯한 양치류는 모두
이 포자를 통해 홀로 번식한다.

포자낭이 달린 고사리

양치식물은 포자체가 성숙하면 포자낭이 갈라지면서 포자를 방출한다. 발아 환경에 맞는 땅 위로 포자가 떨어지면 발아해 배우자체로 자란다. 양치식물의 배우자체는 심장 모양을 한 자그마한(폭 1센티미터 안팎) 전엽체인데, 이 안에서 정자를 만드는 장정기와 난자를 만드는 장란기가 발달한다(단, 종에 따라서 정자나 난자 중 하나만 생기기도 한다. 이런 경우에는 수정 없이 배우자체의 세포가 직접 포자체를 만든다).

전엽체 주변에 물기가 충분하고 습도가 적당해지면 장란기는 화학물질을 내뿜는다. 정자는 이 물질을 따라서 장란기 쪽으로 헤엄쳐 간 뒤, 난자와 수정한다. 수정의 결과로 세포인 접합자가 만들어지고, 이것이 다시 포자체로 자란다. 양치식물의 일생(생활환)을 다시 간단히 정리하자면 다음과 같이 순환한다.

새순 → 포자체 → 포자 방출 및 발아 → 배우자체(전엽체) 및 정자와 난자 생성 → 정자와 난자 수정 → 접합자 생성 → 새순

재밌는 것이, 양치류는 포자를 통해 홀로 번식하는 무성無性식물인데, 배우자체 단계에서 암수 구별이 생겨 수정을 통한 유성有性번식 과정을 거친다는 점이다. 이처럼 한 식물체 안에서 무성번식과 유성번식이 번갈아 나타나는 것을 세대교번이라고 한다.

＊

포자胞子 무성생식을 하는 양치식물, 이끼식물, 조류藻類, 균류菌類가 만들어 내는 생식세포로, 홀씨라고도 한다. 양치식물은 대부분 한 종류의 포자만 만들어 내는데, 이를 동형포자同形胞子라고 한다. 간혹 암수 두 종류의 포자를 만드는 양치류도 있는데, 이것은 이형포자異形胞子라고 한다.

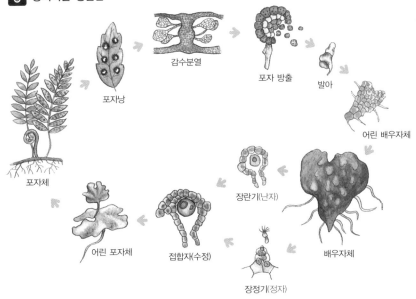

감수분열

포자 방출

발아

포자낭

어린 배우자체

포자체

장란기(난자)

어린 포자체

접합자(수정)

배우자체

장정기(정자)

포자체는 뿌리, 줄기, 잎으로 구성된다. 우리나라에 사는 양치식물은 대개 뿌리는 물론 줄기까지 땅속에서 자라므로(뿌리줄기), 땅 위로는 잎만 보인다. 뿌리줄기는 종에 따라서 다른 형태로 자리 잡기 때문에 종을 구별하는 데 큰 역할을 한다. 잎은 잎자루와 잎몸으로 이루어지고, 뿌리는 원뿌리와 곁뿌리가 잘 구별되지 않는다.

양치식물은 주로 고온다습하고 숲이 많은 지역에 살지만, 종류에 따라서는 강수량이 적고 건조한 곳이나 추운 지역에도 산다. 대부분 뭍에서 살지만, 네가래 무리처럼 물에서 사는 종류도 있다. 전 세계적으로 약 1만 종이 있으며, 우리나라에는 350여 종(솔잎란식물문, 석송식물문, 속새식물문도 포함)이 사는 것으로 알려진다.

진화의 한 수,
껍질로 씨앗을 품다

지구에 사는 대부분의 생물은 자신의 유전자를 이어받은 어린 개체를 보호하는 방향으로 진화했다고 한다. 식물 역시 마찬가지다. 양치식물이나 이끼(선태)식물처럼 생식세포인 포자를 아무런 보호막 없이 방출하는 식물보다 씨앗을 껍질로 감싼 뒤 세상에 내보이는 종자식물이 더 진화한 것으로 본다. 그런 의미에서 겉씨식물은 속씨식물에 비해 개체수는 적지만, 식물 진화의 일등 공신이라 하겠다.

특명!
더 자유롭고 안전하게 번식하라

고사리로 대표되는 양치식물은 성숙한 포자체가 홑씨(포자)를 방출하며 번식한다. 이때 매우 중요한 것이 포자의 발아 환경이다. 배우자체의 장란기(난자를 만드는 기관)는 물기가 많고 습도가 적당한 곳에서만 화학물질을 내뿜고, 정자는 이 물질을 따라 헤엄쳐 가야만 난자와 수정할 수 있기 때문이다. 짝을 찾아야 하는 번거로움 없이 홀로 번식할 수 있는 장점도 있지만, 환경적인 제약과 번식 실패의 위험성이 따르기도 한다.

양치식물 무리가 번성하던 약 3억 년 전의 어느 날, 이유는 알 수 없지만 한 고사리에 껍질로 싸인 씨앗이 달렸다. 껍질 속 씨앗은 암수 두 종류의 포자를 모두 만드는 이형포자로만 발달했다. 두 종류의 포자 중 큰 쪽인 대포자는 암배우자체로 변해 밑씨가 되었고, 크기가 작은 소포자는 정자 역할을 하는 수배우자체로 변했다. 수배우자체의 꽃가루가 바람을 타고 밖으로 나온 암배우자체의 밑씨에 닿아 수정이 이루어졌다. 이로써 이 식물은 물이나 습도에 영향을 받던 번식 환경으로부터 자유로워졌고, 껍질이 씨앗을 보호하면서 번식 안정성은 한층 높아졌다. 식물 진화에 큰 공을 세운 이 식물은 종자식물인 겉씨식물이다.

종자식물은 먼저 출현한 겉씨식물과 현재 식물계의 90퍼센트 남짓을 차지하는 속씨식물로 나뉜다. 두 무리를 나누는 기준은 밑씨가 들어 있는 씨방의 외벽인 자방벽이다. 자방벽이 없으면 겉씨식물이고 있으면 속씨식물로 분류된다.

겉씨식물은
침엽수다?

겉씨식물은 한자로 나자^{裸子} 식물이라고 한다. 한자 뜻 그대로 벌거벗은 씨앗, 즉 밑씨가 밖으로 드러난 식물을 가리킨다. 지구에는 약 11과 900종이 산다고 알려지며, 사는 지역은 매우 광범위하다. 한반도에는 8과 30종 남짓이 살며, 여기서는 우리나라에서 볼 수 있는 겉씨식물에 한정해 이야기한다.

흔히 겉씨식물을 바늘잎나무(침엽수)라고 여기기도 한다. 물론 겉씨식물 대부분이 바늘잎나무이긴 하지만, 모두가 그렇지는 않다. 겉씨식물은 크게 소철과 은행나무, 바늘잎나무 무리로 나뉜다.

바늘잎나무 무리는 구과^{毬果} 식물이라고도 불린다. 구과식물이란, 소나무의 솔방울처럼 방울 모양을 한 열매를 맺는 식물을 뜻한다. 여기에는 소나무과, 낙우송과, 측백나무과가 속한다. 소나무과^{Pinaceae}는 대개 늘푸른나무지만, 잎갈나무나무 무리는 갈잎나무다. 솔방울은 큰 계란 모양이며, 잎은 홑잎(단엽) 또는 돌려나는 바늘잎으로 2~5장이 어긋나거나 뭉쳐난다. 바늘잎나무들은 주로 추운 지역에서 자라지만, 소나무 무리는 따뜻한 지역에서도 많이 자란다. 그중에서 곰솔은 바닷가에서 자주 볼 수 있다.

낙우송과^{Taxodiaceae}는 늘푸른나무와 잎갈나무가 섞여 있으며, 잎은 바늘 모양이거나 선모양이다. 우리나라에는 자라지 않는 무

겉씨식물 분류

소철강	소철목	소철과	소철속	소철
은행나무강	은행나무목	은행나무과	은행나무속	은행나무
소나무강 (구과식물)	소나무목	소나무과	소나무속	소나무 곰솔 리기다소나무 잣나무 스트로브잣나무 섬잣나무 눈잣나무 백송
			전나무속	전나무 구상나무 분비나무
			가문비나무속	독일가문비나무 풍산가문비나무
			솔송나무속	솔송나무
			잎갈나무속	일본잎갈나무 잎갈나무
			개잎갈나무속	개잎갈나무
		낙우송과	낙우송속	낙우송
			메타세쾨이어속	메타세쾨이어
			삼나무속	삼나무
		측백나무과	측백나무속	측백나무 서양측백나무 눈측백나무
			편백나무속	편백 화백
			향나무속	향나무 노간주나무
		개비자나무과	개비자나무속	개비자나무
	주목목	주목과	비자나무속	비자나무
			주목속	주목 설악눈주목

※이 분류표에서는 우리나라에서 흔히 볼 수 있거나 한반도에 산다고 알려진 종을 추려 소개했다.

생물분류 수첩

리로, 대부분 일본, 미국, 중국 등지에서 들여온 것이다. 측백나무과 Cupressaceae의 열매는 조각 수가 적어서 언뜻 솔방울처럼 보이지는 않는다. 잎은 마주나거나 돌려난다. 모두 늘푸른나무이고, 떨기나무거나 큰키나무(교목) 중에서도 키가 작아, 특히 관상용으로 사랑받는다. 개비자나무과 Cephalotaxaceae와 주목과 Taxaceae도 늘푸른나무이며, 잎은 선 모양으로 어긋난다. 주로 우리나라 남쪽 지역과 제주도에서 볼 수 있다.

살아 있는 화석들의 지금은?

겉씨식물은 식물 진화의 일등 공신일 뿐 아니라, 생존력 역시 둘째가라면 서러울 정도로 대단하다. 소철 무리 Cycadales와 은행나무 Gingko biloba가 대표적으로, 흔히들 '살아 있는 화석'이라고 부른다. 지구 시계가 중생대로 들어설 무렵 나타난 소철 무리는 새순일 때 고사리처럼 끝이 도르르 말렸다가 펴진다(권상개엽)는 점, 잎맥이 Y자로 같은 굵기로 갈라진다(개방차상분지)는 점 등 여러 면에서 과거 양치식물과 닮았다. 대부분이 열대에서 자라며, 우리나라에서는 관상용으로 들여온 종을 볼 수 있다.

은행나무는 갈잎나무이자 큰키나무다. 잎은 부채 모양으로 어긋나는데, 모여 나며 달리는 경우도 있다. 우리가 열매라고 부르며 삶아 먹는 은행나무 씨는 말랑말랑한 살바탕으로 이루어진 바깥껍질과 단단한 안껍질로 감싸져 있다. 은행나무 씨를 밟으면 강한 냄새가 풍기는

은행나무는 소철과 함께
살아 있는 화석이라 불린다.

데, 이는 살바탕인 바깥껍질 냄새다.

가장 오래된 은행나무 화석은 페름기의 것이다. 당시에는 은행나무도 여러 속※으로 분포했으리라 본다. 그러나 신생대 들어 갑자기 다른 종들은 모두 사라져 현재의 은행나무 한 종만 남았다.

문득, 지난 가을에 본 신문기사가 떠올랐다. 은행나무 씨 때문에 행인들이 불편함을 겪는다며 앞으로 가로수로는 암그루 대신 씨를 맺지 않는 수그루를 심을 예정이라는 기사였다. 아주 오랜 세월 동안 식물 진화의 길을 열며 영광스러운 시대를 살았을 테지만, 지금은 사람의 편의와 쾌적함 때문에 번식에도 제한을 받으며 암수가 나뉘는 신세가 되었다. 이런 걸 두고 상처뿐인 영광이라고 하려나.

식물계의
갑甲

속씨식물

약 4억 5,000만 년 전, 바다에서 올라온 녹조류는 서서히 땅 위에 적응하며 여러 식물 무리로 분화했다. 이끼식물, 양치식물이 먼저 자리를 잡았고, 이어 이전 단계의 식물에 비해 번식 안정성이 훨씬 높은 종자식물이 생겨났다. 포문을 연 것은 겉씨식물이지만, 번성한 것은 현재까지 마지막 주자인 속씨식물이다. 땅 위 식물의 90퍼센트 가량을 차지한다는 것은 그만큼 변화무쌍한 환경에 잘 적응했다는 의미이니, 속씨식물은 진화의 갑인 셈이다.

　겉씨식물과 속씨식물은 같은 종자식물이다. 이끼식물이나 양치식물과 달리 서로 생김새도 무척 닮았다. 그런데 왜 속씨식물이 압도적으로 우세한 것일까? 두 식물의 차이점을 비교하며 속씨식물이 진화의 승리를 거머쥔 이유를 살펴보자.

이보다 더
치밀할 순 없다

「겉씨식물」 편에서도 설명한 것처럼 겉씨식물과 속씨식물의 가장 큰 차이점은 씨방을 감싸는 자방벽이 있느냐 없느냐다. 자방벽이 없으면 겉씨식물이고, 있으면 속씨식물이다. (혹은 자방벽이 있는 씨방만을 씨방으로 보고, 씨방의 유무에 따라 나누기도 한다.) 이것은 생명이 진화하는 데 큰 영향을 미치는 번식의 안정성과 관련이 있다. 아무래도 씨앗이 껍질로만 싸인 것보다는 바깥벽이 있는 공간에 둘러싸인 것이 훨씬 안전하므로, 번식 성공률도 높을 것이다.

두 식물은 번식 방법도 다르다. 겉씨식물의 씨앗은 포자가 암수로 나뉘어 수정(단일수정)하지만, 속씨식물은 아예 생식 구조가 암수로 나뉜 꽃을 통해 중복수정한다. 중복수정이란, 정자 2개가 꽃가루관으로 들어와 따로 따로 역할을 하는 것이다. 정자 하나는 난자와 수정해 씨눈이 되고, 또 하나는 암배우자체인 배낭*에 있는 극핵*과 결합해 배젖*이 된다. 이어서 씨눈과 배젖은 껍질에 싸여 씨앗으로 성숙한다.

✻

배낭胚囊 종자식물의 암배우자체. 이 속에 있는 난세포가 정자와 수정해 씨눈(배아)이 된다.
속씨식물의 배낭은 모세포가 감수분열해 만들어진다.

극핵極核 속씨식물 배낭의 중앙 세포에 있는 핵이다.
정자의 핵과 결합한 뒤 배젖을 형성한다. 배낭핵이라고도 한다.

배젖 배유胚乳라고도 부른다. 씨앗이 움틀 때 필요한 양분을 저장하는 조직이다.
꽃가루관을 통해 들어온 정자와 극핵이 수정해 생긴다.
겉씨식물의 경우에는 배낭세포가 증식해 만들어진다.

씨앗을 감싸는 자방벽은 여러 겹의 과피*로 발
달해 열매로 변한다.

이런 변화 덕분에 속씨식물은 씨앗을 이중, 삼중
으로 보호할 수 있을 뿐만 아니라, 씨앗을 더
멀리 퍼트릴 수도 있다. 화려한 색깔과 꼴,
달콤한 맛으로 무장한 꽃과 열매가 수술의 꽃
가루를 암술머리에 옮겨 줄 수분매개자를 유혹
해, 그들의 힘을 빌려 번식 범위를 넓히는 것이
다. 껍질에 싸인 씨앗을 자신의 주변에 툭 떨어
뜨리는 것 외에는 달리 번식 방법이 없는 겉씨식
물에 비하면 눈부신 진화다. 물론 겉씨식물도 바람
이라는 매개자를 통해 씨앗을 퍼뜨리는 경우도 있지만, 이는 대부분
우연에 의한 것일 확률이 높다. 속씨식물처럼 바람의 힘을 빌려 번식
하려고 씨앗의 모양을 바람에 잘 날리도록 만든 예는 드물다.

『수목인간』(우석영, 2013)에는 "우리 인간은 아직도 '이 씨를 이곳이 아
닌 다른 곳으로 옮기라'는 속씨식물들의 명령 아래서 과일들을 섭취하
며 살아가고 있다."는 구절이 있다. 정말 그렇다면, 그 놀라운 치밀함
과 명석함, 꾸준함에 진심으로 박수를 보내고 싶다.

✳

과피果皮 열매껍질로, 열매 속에 있는 씨를 둘러싸는 부분이다. 씨방 벽이 발달해 생긴 것이며,
가장 바깥 것을 외과피, 가운데 것을 중과피, 안쪽을 둘러싸는 것을 내과피라 한다.

속씨식물 분류

쌍떡잎식물	목련아강	목련과, 녹나무과, 수련과, 연꽃과, 현호색과 등
	조록나무아강	뽕나무과, 쐐기풀과, 가래나무과, 너도밤나무과, 자작나무과 등
	석죽아강	명아주과, 선인장과, 비름과, 쇠비름과, 마디풀과 등
	오아과아강	모란과, 차나무과, 피나무과, 물레나물과, 아욱과, 제비꽃과, 박과, 버드나무과, 철쭉과, 앵초과, 감나무과 등
	장미아강	범의귀과, 수국과, 돌나물과, 장미과, 콩과, 포도나무과, 미나리과, 옻나무과, 단풍나무과, 층층나무과 등
	국화아강	용담과, 박주가리과, 가지과, 메꽃과, 꿀풀과, 질경이과, 물푸레나무과, 초롱꽃과, 국화과 등
외떡잎식물	택사아강	나자스말과, 택사과, 가래과
	종려아강	종려과, 천남성과, 개구리밥과
	닭의장풀아강	닭의장풀과, 골풀과, 벼과, 사초과, 부들과
	생강아강	파초과, 생강과
	백합아강	백합과, 물옥잠화과, 붓꽃과, 난초과

될성부른 속씨식물
떡잎부터 알아본다

우리가 과일을 먹는 것은 자신의 씨앗을 다른 곳으로 옮기려는 속씨식물의 의도에 따른 행동일지도 모른다.

속씨식물의 조상을 확인할 만한 화석 자료가 불충분해 명확하지는 않지만, 대부분의 학자들은 속씨식물이 어떤 한 식물군으로부터 분화한 것으로 본다. 모든 속씨식물은 하나의 조상에서 나왔을 법한 여러 가지 특징을 보이기 때문이다.

속씨식물은 씨앗이 움틀 때 가장 먼저 나오는 떡잎의 수

생물분류 수첩

에 따라 쌍떡잎식물과 외떡잎식물로 나뉜다. 일반적으로 쌍떡잎식물은 떡잎이 두 장, 외떡잎식물은 한 장이지만, 수련처럼 예외적으로 쌍떡잎식물이지만 떡잎이 한 장인 경우도 있다. 쌍떡잎식물의 종수는 약 17만 종, 외떡잎식물은 5만 종 정도로, 쌍떡잎식물이 3배 이상 많다.

쌍떡잎식물은 절반 정도가 질이 단단한 목본木本줄기며, 그중 대부분은 큰키나무다. 반면, 외떡잎식물은 10퍼센트 남짓만 목본(대다수가 종려과 식물)이며, 나머지는 연하고 물기가 많은 초본草本줄기다. 종려과 식물처럼 목본인 경우라도 쌍떡잎식물에서 나타나는 부름켜(형성층)가 없어 부피가 자라는 2차 생장이 없다. 쌍떡잎식물의 잎맥은 그물맥이고, 외떡잎식물은 나란히맥이다.

줄기의 관다발인 1차 관다발은, 쌍떡잎식물에서는 둥그렇게 배열하고, 외떡잎식물에서는 여기저기 흩어지거나 여러 개가 둥그렇게 배열한다. 쌍떡잎식물의 뿌리 형태는 곧은뿌리(1차근)거나 수염뿌리이고, 외떡잎식물은 대부분 수염뿌리다. 여러 학자들은 이러한 쌍떡잎식물과 외떡잎식물의 차이점을 들어 외떡잎식물이 원시 쌍떡잎식물에서 유래한 것으로 본다.

이끼식물

초록빛 베일 속
그대

'이끼'라는 단어 자체는 익숙하지만, 정작 이끼가 어떤 식물인지는 널리 알려지지 않았다. 이끼는 생김새만 보고는 동정하기 어려운 탓에 현미경으로 관찰하는 작업이 필수다. 그러다 보니 다른 식물에 비해 연구하는 학자가 많지 않아 관련 자료도 부족하다. 그러나 대부분의 식물(양치·겉씨·속씨식물)과는 그 형태가 확연히 다르다는 점, 오염된 환경에서는 자라지 않는다는 점 등 신비로운 부분이 많아 더디지만 꾸준하게 연구가 진행되고 있다. 지구 곳곳에서 작은 숲을 이루고 있는 이끼의 초록빛 베일을 살짝 벗겨 보자.

앞서 살펴본 것처럼 식물은 크게 관다발이 있는 관속식물과 없는 비관속식물로 나뉜다. 우리가 아는 식물은 거의가 관속식물에 속하고, 비관속식물로 분류되는 것은 현재까지 이끼식물이 유일하다. 이끼식물을 선태식물로도 부르는데, 이끼식물의 약 99퍼센트를 차지하는 것이 선류(蘚類)와 태류(苔類)인 까닭이다. 그러나 이끼식물에는 이 두 무리뿐 아니라 뿔이끼류(각태류)도 포함되므로, 이 글에서는 세 무리를 아우르는 표현인 '이끼식물'을 쓰기로 한다.

식물계의 조상님

이끼식물은 물에서 올라와 최초로 뭍에 뿌리를 내린 식물로, 그 구조나 생태가 관속식물에 비해 원시적이다. 이렇게 말할 수 있는 근거는 관다발이다. 관다발은 식물체 몸속에 있는 물과 양분의 통로로, 식물의 진화를 이끈 결정적 조직이다. 이끼식물의 생태와 구조는 관다발이 없다는 점을 들어 거의 설명할 수 있다.

예를 들면, 주로 물가나 비가 많이 내리는 지역의 축축한 바닥에 붙어 자란다는 점, 관속식물에 비해 키가 매우 작고, 잎과 줄기의 구분이 명확하지 않다는 점, 헛뿌리는 단순히 식물체를 지탱하는 역할만 할 뿐 수분은 흡수하지는 않는다는 점 등이 그러하다. 물론 예외도 있다. 사막처럼 건조한 지역에서 자라는 이끼식물도 있고, 솔이끼로 대변되는 선류의 잎과 줄기는 (형태학적으로는) 명확하게 구분된다.

이끼식물은 양치식물처럼 포자로 번식하며 세대교번>66쪽 참조을 하지만, 그 방식은 조금 다르다. 두 식물의 번식 과정을 비교해 가며 차이점을 알아보자.

먼저 우리가 말하는 양치식물이란 다 자란 포자체(무성세대)를 가리키지만, 흔히 이끼식물이라고 하는 식물체는 배우자체(유성세대)다. 그리고 양치식물은 포자체에서 방출된 포자가 따로 발아해 배우자체로 자라지만, 이끼식물은 수정의 결과물인 접합자가 배우자체에서 발아해 포자체가 된다. 즉 포자체가 배우자체와 붙어 있다는 것인데, 여기서 이끼식물만의 독특한 생태가 나온다.

뿌리와 잎을 통해 양분을 얻는 관속식물과 달리, 이끼식물은 엽록체가 있는 배우자체가 독립적으로 광합성을 하며 양분을 만든다. 엽록체가 거의 없는 포자체는 전적으로 배우자체에 의존해서 생존하는 것이다.

'초록빛 비밀정원'으로
초대합니다

포자 달린 솔이끼

지구에는 약 1만 6,000종의 이끼식물이 있고, 그중 우리나라에 자라는 것으로 확인된 이끼식물은 903종이다. 관속식물의 전체 종수가 약 23만 종(양치식물 1만 종, 겉씨식물 900종, 속씨식물 22만 종)인 것에 비하면 수가 매우 적지만, 지구를 푸릇푸릇하게 유지시켜 주는 데는 관속식물 못지않게 큰 역할을 하는 무리다.

이끼식물은 선류, 태류, 뿔이끼류(각태류)로 나뉜다. 선류는 솔이끼류, 태류는 우산이끼류라고도 불린다. 우리나라 이끼식물의 약 69퍼센트를 선류가 차지하므로, 우리가 흔히 볼 수 있는 이끼의 생김새는 솔이끼류와 같은 경엽체가 많다. 경엽체^{莖葉體}란, 한 자 뜻에서도 알 수 있듯이 겉보기에 줄기와 잎이 뚜렷이 구별되며 길쭉하게 뻗은 모양을 의미한다.

우산이끼류 같은 태류의 생김새는 엽상체^{葉狀體}라고 표현한다. 잎 모양이라는 뜻인데, 식물체 전체가 잎과 비슷하게 편평하게 퍼졌다. 그러나 태류 중에서 우산

식물체 전체가 잎처럼 생긴 것이 우산이끼의 특징이다.

우리나라 이끼식물 분류

	선류	태류	뿔이끼류(각태류)
과	50	41	2
속	194	84	3
종	587	260	4
아종	2	7	
변종	33	10	
분류군*	622	277	4

※『국가 생물종 목록집(선태류)』, 국립생물자원관(2011) 기준

*

분류군^{Taxon, Taxa} 생물 분류학에서 계문강목과속종처럼, 같은 무리에 속하는 생물을 세분화된 범주로 엮은 것을 말한다. 동시에 학명으로 분류되는 생물 무리를 일컫는 개념이기도 하다. 위 표에 기재된 분류군의 수는 학명이 있는 종과 아종, 변종을 합한 것으로, 이 분류군의 합계(622+277+4)가 우리나라에서 확인된 이끼식물의 종수(903)이다.

이끼류를 제외한 이끼는 오히려 줄기와 잎이 뚜렷한 경엽체여서 선류와 구별이 되지 않는 경우가 많다. 생김새로 선류와 태류를 구분하려면 배우자체보다는 포자체를 유심히 관찰하는 것이 낫다. 덧붙여 선류와 태류의 가장 확실한 차이점은 헛뿌리로, 선류는 헛뿌리가 다세포로 길고, 태류는 단세포다.

뿔이끼는 4종 모두 엽상체여서 선류와는 명확하게 구분되며, 포자체가 긴 뿔처럼 생겨서 같은 엽상체인 태류와도 생김새가 확연히 다르다.

이끼식물은 오랫동안 건조한 상태에 있더라도 물만 있으면 다시 살아나는 생명력

뿔처럼 생긴 돌기가 솟은 것이 뿔이끼의 특징이다.

이 강한 식물인 한편, 생존에 적합하지 않은 환경에서는 전혀 자라지 않기도 한다. 특히 환경오염에 민감한 식물인 까닭에 유럽에서는 이끼를 환경오염의 정도를 파악할 수 있는 지표종으로 활용하기도 한다.

이끼식물 도감을 볼 때 알아두면 좋은 용어

삭 양치식물의 포자낭처럼 포자(홀씨)가 담긴 주머니

삭모 삭을 덮고 있는 모자. 선류에만 있다.

삭병 삭 아래에 있는 기다란 자루. 같은 종류의 이끼는 이 자루의 길이나 색깔이 같다.

탄사 삭 안에 있는 실 모양의 기관. 삭에서 포자가 튕겨 나오게끔 돕는다. 건조하면 실 같은 기관이 늘어나면서 포자가 밖으로 튕겨진다. 태류와 뿔이끼류에만 있다.

생태
개념
수첩

part 2

> **먹이사슬**

먹고 먹히는 잔인한 관계?
평형을 유지하기 위한 질서!

신문에서 "우리 사회는 약육강식의 법칙에 따라 유지되는 먹이사슬 속에 있다."는 식의 표현을 종종 본다. 비단 신문에서 뿐 아니라 일상 속에서도 '먹이사슬'은 약한 자는 강한 자에게 먹힌다는 뜻인 약육강식弱肉强食과 비슷한 의미로 자주 쓰인다. 그렇다면 생태계에서의 먹이사슬도 그런 뜻일까?

지나치게 단순한
먹이피라미드는 잊자!

초등학교 때 먹이사슬이라는 개념을 배우면서 제일 먼저 익힌 것은 먹이피라미드 구조였다. 피라미드 맨 아래에는 식물이 있고, 그 위 단계에는 식물을 먹는 초식동물, 그리고 이어서 초식동물을 잡아먹는 육식동물이 군림하듯 맨 윗자리를 차지하고 있었다. 그 그림만 보면 먹이사슬은 분명 '약육강식'의 세계로 보였다. 마치 식물이나 초식동물은 피라미드 꼭대기에서 눈을 부릅뜨고 있는 소수의 육식동물에게 먹히기 위해 존재하는 것처럼 여겨졌기 때문이다.

하지만 먹이피라미드가 먹이사슬의 전부인 양 이해하는 것은 장님이 코끼리 다리 만지는 격이다. 먹이피라미드 구조는 단순히 생물의 개체수나 이동하는 에너지량을 나타내는 도표일 뿐, 약육강식에 따른 상하관계를 나타낸 것은 아니기 때문이다.

물론 먹이사슬이란, 자연 속에서 먹이를 중심으로 먹고(포식자) 먹히는(피식자) 관계를 의미하는 것은 맞다. 그러나 동시에 이들 안에서 발생하는 에너지와 물질의 전달 관계를 나타내고 생태계 평형을 유지하는 데 중요한 역할을 하는 개념이기도 하다.

실제로 야생에서 먹고 먹히는 관계는 수직 형태가 아닌 얼키설키 얽힌 그물 형태를 띤다. 자연에는 아주 다양한 생물이 살고 있는 만큼 먹고 먹히는 관계 또한 복잡다양하기 때문이다. 그래서 최근에는 생태계 내의 이러한 관계를 이야기할 때 먹이그물 또는 먹이망이라는 표현을 더 많이 쓴다고 한다.

먹고 먹히는 관계가 뒤엉킨 먹이그물 안에서는 자연스럽게 생태계 평형이 유지된다. 예를 들어 보자. 사자는 자신의 먹잇감 중 하나인 영양의 수가 줄어들면 영양을 다 잡아먹어 절멸하게 하는 대신에 얼룩말을 잡아먹는다. 그럼 줄었던 영양의 수가 다시 늘어나고, 이로써 멸종으로 말미암은 생태계 파괴가 방지되면서 생태계는 평형이 유지된다.

먹이사슬의 핵심은
경쟁이 아니라 **안정**이다

생태계는 빛, 물, 흙과 같은 비생물적 요소와 식물, 동물처럼 생체를 이루는 생물적 요소로 이루어진다. 먹이사슬은 비생물적 요소를 통해 생물적 요소가 에너지를 생산하고, 각 단계별로 그 에너지가 이동하는 구조(먹이연쇄)다. 생산자가 광합성을 통해 만든 에너지는 생산자를 소비하는 1차 소비자에게 전달되고, 이어서 1차 소비자를 먹는 2차 소비자와 그 다음 단계에 있는 최종소비자, 끝으로 분해자에게 전해진다. 이것을 '영양단계'라고 하고 생산자, 소비자, 분해자 3가지로 구성된다.

🔑 **먹이사슬의 구조**

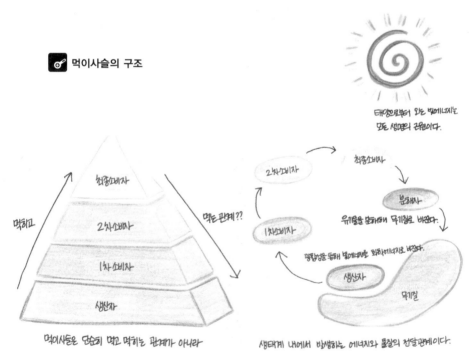

태양으로부터 오는 빛에너지는 모든 생명의 근원이다.

먹이사슬은 단순히 먹고 먹히는 관계가 아니라

생태계 내에서 발생하는 에너지와 물질의 전달관계이다.

생산자는 흔히 말하는 녹색식물이다. 태양에서 나오는 빛에너지를 생물에게 필요한 화학에너지로 바꾼다. 영양단계 구성요소 중 유일하게 스스로 에너지를 생산하므로, 독립영양생물이라고 한다.

소비자는 생산자를 먹이로 하는 초식동물(1차 소비자), 초식동물을 먹는 육식동물(2차 소비자)이고, 맨 꼭대기에 있는 소비자를 최종 소비자라고 한다. 일반적으로는(먹이피라미드에서도 알 수 있듯이) 고차 소비자일수록 개체 수는 적다. 소비자는 스스로 에너지를 만들지 못하고 생산자에 의존해서 살아가므로, 종속영양생물이라고 한다.

마찬가지로 종속영양생물인 분해자(세균, 균류, 버섯류 등)는 죽은 생물의 몸이나 배설물 등의 유기질을 분해해 흙과 같은 무기질로 되돌리면서 물질의 순환을 돕는다. 이런 과정이 반복되면서 생태계는 안정을 이룬다.

그럼 물질처럼 에너지도 순환할까? 답은 아니다. 녹색식물이 빛에너지를 통해 만든 화학에너지는 영양단계를 거치면서 열로 변해 흩어지는데, 열로 변한 에너지는 녹색식물의 광합성에 쓰일 수 없다. 태양이 준 에너지는 생산자, 소비자, 분해자 순으로 한 방향으로만 흐를 뿐 순환하지는 않는다. 모든 생명이 에너지를 얻어 살아갈 수 있는 것은 태양의 내리사랑 덕분이다.

생태개념 수첩

생물농축,
영원한 강자도 약자도 없다는 자연의 충고

먹이사슬에는 생물농축이라는 현상이 있다. 농약이나 중금속처럼, 생물체 안에 쌓이면 쉽게 분해되지 않거나 배출되기 어려운 오염물질은 영양단계가 높아질수록 축적량도 많아지는 것을 말한다. 생산자인 식물이 물이나 흙에 있는 오염물질을 흡수하면 이것은 분해되거나 배출되지 않은 채로 식물체 내 지방과 결합해 처음 농도보다 더욱 농밀해진다. 이런 과정을 한 단계 한 단계 거치다 보면 최종 소비자가 생물농축의 가장 큰 피해자가 되는 것이다.

사자가 먹잇감을 사냥하는 것은 배가 고파서다. 배가 부르면 아무리 영양이나 얼룩말이 눈앞에서 얼씬거려도 본 체 만 체한다. 동물 중에서 배가 부른데도 먹잇감을 더 많이 먹으려거나 재어 놓으려고 자기보다 약한 자를 위협하는 것은 아마 인간밖에 없을 것이다(예외적으로 이와 비슷한 습성을 보이는 동물도 있다고는 하지만, 그 정도가 인간에 비할 바는 아닌 것 같다). 그러면서 약육강식이나 먹이사슬 운운하며 그것이 자연스러운 현상이라고 말한다. 그렇다면 만약 생물농축의 결과가 현실로 나타나 최종 소비자인 인간이 가장 큰 피해자가 되더라도, 그것 역시 자연의 순리라며 겸허히 받아들일 수 있을까.

언뜻 먹이사슬은 강한 자가 먹고 약한 자가 먹히는 잔인한 관계처럼 보일 수 있지만, 그 안에는 엄연히 균형과 순환의 원리가 작용한다. 자연 안에서는 영원한 강자도 약자도 없다.

공생

서로 도우며
더불어 사는 것만은 아니더라

표준국어사전에는 공생共生을 "서로 도우며 함께 사는 것"이라고 정의한다. 서로서로 좋은
원원Win-Win 관계라는 말인데, 이는 공생의 포괄적인 정의라기보다는 공생의 한 종류인
상리공생의 뜻에 더 가깝다. 자연계에서 나타나는 공생은 이보다 훨씬 복잡하고 다양한
형태를 나타낸다.

    사람 사는 세상을 생각해 보자. 공생, 그러니까 같이 살아가는 관계
일지라도 들여다보면 사연은 제각각이다. 서로를 무척 사랑하는 연인
이나 호흡이 잘 맞는 비즈니스 파트너처럼 함께 있으면 서로에게 도움
이 되는 관계도 있고, 권력이나 재력을 가진 사람 옆에서 자신에게 떨
어질 몫을 챙기기 위해 비위를 맞추며 지내는 사람도 있고, 집에서 빈
둥빈둥 거리면서 가족에게 빌붙어 사는 사람도 있다.

자연계(물론 사람도 자연계에 속하기는 하지만)에서의 공생관계 역시 마찬가지다. 종류가 다른 생물이 함께 지내는 데는 다 저마다의 이유가 있고, 그 관계의 성격 역시 가지각색이다. 이러한 이해관계의 차이에 따라 공생은 크게 상리공생, 편리공생, 기생 세 가지로 나뉜다.

상리相利 공생,
서로 좋은 게 좋은 거 아니겠소

흔히들 공생과 상리공생의 뜻을 혼동한다. 국어사전에서 풀이한 "(특히 생물학적으로 쓰여) 종류가 다른 생물이 같은 곳에서 살며 서로에게 이익을 주며 함께 사는 일"이란 것은 사실 상리공생을 가리킨다. 흰동가리와 말미잘의 관계는 상리공생을 쉽게 이해할 수 있는 예다.

말미잘과 흰동가리는
서로에게 도움이 되는 상리공생 관계다.

흰동가리는 화려한 몸 색깔과 15센티미터 정도 되는 몸집 때문에 포식자들의 눈에 잘 띈다. 그래서 촉수에 독이 있는 말미잘 주위에서 생활하다가 포식자가 공격해 오면 말미잘의 촉수 사이로 피해 몸을 보호한다. 흰동가리는 피부에 보호점막이 있어 말미잘의 독에 쏘여도 피해를 입지 않는다.

흰동가리가 말미잘 덕분에 안전한 삶터를 확보한다면 말미잘은 흰동가리가 있어 손쉽게 먹잇감을 구할 수 있다. 흰동가리를 노리고 다가온 물고기는 흰동가리가 말미잘 촉수 속으로 쏙 도망치면 도리어 꼼짝없이 말미잘의 먹잇감이 되기 때문이다. 흰동가리가 미끼가 되어 말미잘의 먹잇감을 유인하는 셈이다.

흰개미와 원생동물 또한 상리공생의 예로 들 수 있다. 이 둘은 서로 철저하게 의존하는 관계로, 조금 더 엄밀히 말하면 둘 중 하나가 없으면 아예 생존할 수가 없다. 흰개미는 자신의 장 속에 사는 원생동물 덕분에 섭취한 섬유질을 소화시킬 수 있고, 원생동물은 흰개미의 장 속에 있어야만 먹이와 터전을 얻을 수 있기 때문이다.

편리片利 공생,
방해하지 않을 테니 옆에만 있게 해 줘요

서로 도움을 주고받으면서 이득을 얻는 상리공생과 달리 편리공생은 한쪽만 이익을 취하고 다른 한쪽은 아무런 영향도 받지 않는 관계를 말한다. 편리공생 관계는 장기간 지속될 수도 있고 일시적인 관계

상어 등에 붙어사는 빨판상어.
대표적인 편리공생의 수혜자다.

로 끝나는 경우도 있다. 자신보다 몸집이 큰 고래나 상어 등에 붙어 이동도 하고 먹이도 얻고 포식자로부터 몸도 보호하는 빨판상어, 소나 다른 포유동물의 똥을 굴려 이익을 얻는 소똥구리 등이 편리공생의 수혜자라고 할 수 있다.

편리공생은 다시 운반공생, 더부살이공생, 변태공생으로도 나눌 수 있다. 운반공생은 이동하기 위해서 한 종이 다른 종을 이용하는 관계를 가리킨다. 곤충을 활용하는 진드기, 포유류에 달라붙는 의갈류(거미강 > 의갈목에 속하는 절지동물), 조류의 몸에 붙는 노래기 등이 운반공생을 하는 종류다.

더부살이공생은 한쪽이 다른 생물을 자신의 삶터로 이용하는 경우를 말한다. 고목이나 바위 등에 붙어사는 착생식물과 나무에 구멍을 내거나 나뭇가지에 둥지를 트는 새들을 예로 들 수 있다. 변태공생은 한 생물이 죽으면서 남긴 것을 다른 생물이 생존을 위해 이용하는 것으로, 다른 편리공생 종류에 비해 간접적이다. 예를 들면, 소라게는 죽은 고둥의 껍질을 자신의 보호막으로 사용한다.

편리공생을 편해공생이라는 관점에서 보는 시각도 있다. 편해공생은 편리공생과 반대로 한쪽이 이익 대신 피해를 본다는 것. 운반공생의 예를 보자. 곤충의 몸에 붙어 이동하는 진드기 입장에서 보면 이 관계는 편리공생이지만, 파리 입장에서 보면 진드기는 나는 데 방해가 될 수도 있으니 편해공생일 수 있다. 고목과 착생식물의 관계도 고목이 착생식물의 잎에 뒤덮여 광합성하는 데 지장을 받는다면 편해공생이다. 이런 관점에서 본다면 편해공생은 기생에 가까운 것 아닐까?

기생寄生, 나부터 좀 먹고 삽시다

기생은 한 종만 이익을 얻고 다른 종은 피해를 보는 관계를 말한다. 피해 입는 쪽을 숙주라 하고, 이득을 취하는 쪽을 기생체라고 한다. 숙주 몸 안에 사는 기생체를 내부기생체, 몸 표면에 살면서 기생하는 것을 외부기생체라고 부른다. 모든 동물의 몸에는 적어도 한 종 이상의 기생체가 산다고 한다.

보통 기생체는 숙주가 죽음에 이를 정도로 피해를 입히지는 않는다. 숙주가 죽으면 자신도 살 수 없기 때문이다. 하지만 간혹 기생충에 의해 숙주가 병에 걸려 죽는다거나, 벌류나 나비류에 속하는 몇몇 종류는 포식기생(기생하면서 숙주를 죽이는 것)을 하는 예도 있다. 물론 일반적인 기생관계에서는 기생체가 숙주에 비해 훨씬 작기 때문에 포식·피식 관계가 성립될 수 없는 경우가 대부분이기는 하다.

기생은 번식과도 관련이 깊다. 번식을 위해 기생하는 예 중 대표적인 것이 탁란하는 뻐꾸기다. 산란기의 뻐꾸기 암컷은 기생할 둥지의 주인이 자리를 뜰 때까지 기다렸다가 둥지가 비면 재빨리 둥지로 날아가서 알을 하나 낳고는 사라진다. 알에서 깬 새끼 뻐꾸기는 본능적으로 다른 알들을 둥지 밖으로 밀어낸다. 그리고는 양부모(?)의 보살핌을 받으면서 자란다.

성장

그렇게
어른이 된다

27개월 된 조카가 있다. 태어났을 때는 어쩜 이럴까 싶을 정도로 작았는데, 어느새 물 먹은 콩나물처럼 쑥쑥 자랐다. 생김새나 몸 구조는 갓난아기 때와 다름없지만, 전반적으로 몸집이 커졌고, 단단해졌다. 생물학에서는 이처럼 한 생물의 크기와 무게가 성체의 수준까지 증가하는 것을 성장이라고 한다. 한편, 크기와 무게가 아니라 생김새나 삶꼴이 완전히 달라지는 곤충의 탈바꿈도 큰 틀에서 보면 성장이라 할 수 있다. 탈바꿈 역시 최종적으로는 성체의 수준에 도달하려는 변화이기 때문이다.

나의 성장은
세포의 성장

하루가 다르게 자라는 조카를 보면서 문득 이런 생각이 들었다. '우리는 왜 자랄까?' 언뜻 철학적으로 들리는 이 질문의 생물학적 답은 매우 명쾌하다. 세포가 커지거나 증식하기 때문이다.

생태개념 수첩

생물 몸속의 세포는 무작정 커지거나 수가 늘어나지는 않는다. 개체마다 오랜 진화 과정을 거치며 결정되었을 것으로 보이는 적정 크기가 있고, 그 수준에 도달할 때까지만 세포가 자라거나 증식한다. 아마도 성체의 크기란 각 생물이 생태계에서 생존하기에 가장 적합한 크기일 것이다. 예를 들어 동물의 덩치가 주변 생태계와는 어울리지 않게 한정 없이 커지거나 반대로 일정 수준 이상으로 자라지 않으면 그 생물은 먹이 활동이나 자기 방어가 불가능해 살아남기 어려울 테니 말이다.

다만, 사람 중에도 뚱뚱한 사람, 마른 사람, 키 큰 사람, 키 작은 사람이 있는 것처럼 생물 개체마다의 크기는 조금씩 차이가 난다. 여기에는 온도, 압력, 빛, 화학물질과 같은 환경적인 요인과 호르몬 같은 신체 내부적 요인이 영향을 미친다.

온도를 예로 들어 간단히 살펴보면, 온도가 10도 가량 낮아지면 생물의 물질대사 속도는 2배 정도 느려진다고 한다. 그만큼 성장도 더뎌진다. 나무는 나이테 색깔을 통해 기온과 성장 속도의 비례 관계(온도가 낮으면 성장 속도가 느려지고 나이테의 색깔은 짙어진다)를 보여 주며, 추운 겨울에는 아예 성장을 멈추고 겨울잠을 자는 동물들의 예를 봐도 알 수 있다.

다시 세포 이야기로 돌아와 보자. 동물과 식물 모두 세포의 변화(혹은 성장)로 인해 자라지만, 그 과정에는 약간 차이가 난다. 동물의 성장은 세포 크기가 커지는 것은 물론 세포분열*도 동반되어야만 이루어진다. 동물은 식물에 비해 성장할 수 있는 부위가 넓지만, 그 시기는 제한되어 있다. 사람에게는 대부분 청소년기가 한정된 성장기라고 할 수 있다. 이 무렵이 지나면 성장과 관련한 세포분열이 정지해 키는 더 이

*

세포분열 생식세포를 제외한 세포들은 유사분열을 통해 증식한다.
유사분열이란 모세포의 유전물질이 딸세포에게 그대로 전달되면서 분열되는 것을 말하며,
일반적으로 모세포는 딸세포 2개로 분열된다.

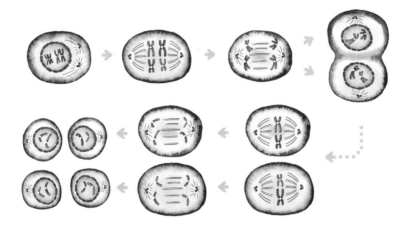

상 자라지 않는다.

식물의 성장은 동물과는 달리 세포분열과는 관련이 없다. 오로지 세포액이 들어 있는 액포에 물이 차면서 세포 크기가 커지는 것만으로 성장한다. 세포분열은 뿌리나 줄기 끄트머리 같은 식물의 끝 부분에서만 일어나며, 이러한 부위를 분열조직이라고 한다.

변화무쌍한 성장 과정, 탈바꿈

국어사전에 등재된 성장의 뜻은 "형태의 변화가 따르지 않는 생물체의 크기·무게·부피의 증량"이다. 그렇다면 곤충이나 양서류 등에

101

서 보이는 탈바꿈은 어떨까? 언뜻 세포의 크기 변화나 증식과는 상관이 없어 보이므로, 성장이라고 할 수 없는 것일까?

명확하게 사전적 의미만을 따진다면 그럴 수도 있겠다. 하지만 실제 생태계에서 나타나는 성장은 더욱 포괄적인 개념으로 이해하는 것이 좋다. 즉, 외부 환경으로부터 자신을 보호하고, 무사히 번식할 수 있는, 생존에 제일 적합한 몸(성체)으로 변해 가는 것은 모두 아울러 성장이라 할 수 있겠다. 그런 점에서 매 시기마다 생김새나 삶꼴이 획획 바뀌는 탈바꿈 또한 성장의 한 형태다.

탈바꿈의 대표주자는 잘 알려진 것처럼 곤충이다. 곤충의 한살이를 들여다보면 할리우드 SF 영화 〈트랜스포머〉도 울고 갈 만큼 변화무쌍하다. 알에서 나온 곤충은 먼저 애벌레로 삶을 시작한다. 그리고 다음 단계는 종에 따라 탈바꿈하는 과정>34쪽 참조이 약간 다른데, 번데기 시기를 거쳐 어른벌레가 되는 종도 있고, 바로 어른벌레가 되는 경우도 있다. 크게 보면 애벌레-(번데기)-어른벌레의 순서로 성장한다. 각 시기마다 사는 곳, 생존 방식, 먹이 등이 모두 달라 마치 각각이 다른 생물처럼 여겨진다.

그리고 또 떠오르는 생물은? 양서류, 그중에서도 개구리가 대표적이다. 미끌미끌한 알에서 나오면 올챙이로 생활한다. 그러다 점진적으로 뒷다리와 앞다리고 생기고, 마지막으로 꼬리가 없어진다. 형태 변화와 더불어 삶꼴도 크게 변한다. 처음에는 아가미로 숨을 쉬며 물속 생활을 하다가 점점 자라면서 뭍에서도 살 수 있도록 폐로 숨을 쉬게 된다.

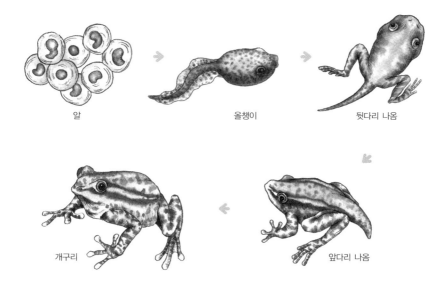

개구리의 성장 과정

알   올챙이   뒷다리 나옴

개구리   앞다리 나옴

　어류 중에도 치어일 때와 성어일 때의 모습이 다른 종이 있다. 뱀장어나 붕장어가 대표적이다. 어릴 때는 생김새가 버들잎과 닮았으며 색 없이 투명하지만, 탈바꿈 과정을 거치며 우리가 아는 뱀장어나 붕장어의 모습으로 변한다. 이러한 물고기를 한데 묶어 렙토세팔루스 Leptocephalus라고 부른다. 이들보다는 변화의 강도가 약하지만, 개복치도 탈바꿈을 한다. 치어일 때는 온몸에 가시가 나 있지만, 성어가 되면 가시가 사라져 겉모습이 많이 바뀐다고 한다.

작전명:
어떻게든 살아남기

한때 '왜 사는지'에 대해 무척 고민한 적이 있었다. 내 의지와는 상관없이 태어나 살아가는 데는 어떤 특별한 이유가 있지 않을까 싶어서. 하지만 아무리 머리가 터져라 고민해 봐도 답은 나오지 않았다. 그러다 시선을 조금 돌려 오직 생존만을 위해 갖은 애를 쓰는 곤충을 바라보니, 삶에서 제일 중요한 것은 그저 '살아남는 것'일지도 모른다는 생각이 들었다. 복잡다단한 우리네 삶에서 한 발자국 떨어져, 살아남고자 고군분투하는 곤충들의 삶을 들여다보며 진정한 생존의 의미를 곱씹어 보자.

생존한다는 것은 살아 있는 것, 살아남은 것을 의미한다. 생존하려면 당연히 제 목숨을 지켜야 하는데, 자연계에는 생명을 위협하는 요소가 너무 많다. 특히 몸집이 매우 작은 곤충에게는 매 순간순간이

몸을 방어하고자 거품을 내뿜는 거품벌레

생사의 갈림길인지도 모른다. 그래서일까, 녀석들이 목숨을 지키는 방법은 무척 다양하고 기발하다.

방법 중 하나는 아예 천적이 다가오지 못하도록 철저히 바리게이트를 치는 것이다. 소위 방어 작전이다. 거품벌레 애벌레의 바리게이트는 거품이다. 버드나무나 소나무 등에 사는 애벌레는 항문으로 액체를 내보내는데, 숨 쉴 때 내뱉는 공기와 이 액체를 섞어 거품을 만든다. 그리고 애벌레는 거품 속으로 쏙 들어가 숨어 지낸다. 거품벌레 애벌레가 제 몸을 지키고자 이렇게 거품을 만드는 것을 보면, 애벌레의 천적인 새나 다른 곤충도 사람과 심미안이 비슷한가 보다. 이 거품을 본 사람이라면 알겠지만, 웬만하면 그다지 가까이 가거나 손대고 싶지 않게 생겼다.

노린재의 바리게이트는 냄새다. 애벌레 시절에는 배에, 어른벌레가 되면 뒷가슴이나 옆구리에 냄새선이라는 곳이 생기는데, 여기서 독한 냄새를 풍기는 액체가 분비된다. 호랑나비 애벌레도 마찬가지다. 종령 애벌레가 되면 머리 뒤쪽에 난 냄새뿔에서 구린내를 풍겨 천적의 접근

생태개념 수첩

을 톡톡히 막아 낸다. 가뢰도 위협을 느끼면 다리 관절에서 독성물질인 칸타리딘^{Cantharidin}을 내뿜는다. 이 물질에 닿으면 수포가 생긴다. 이쯤 되면 이러한 전략은 방어를 넘어 공격이라고도 부를 만하겠다. 어지간히 배가 고픈 새나 곤충이 아니고서야 이런 녀석들을 잡아먹기란 어려울 것 같다.

가뢰

 작전 2

감쪽같이 속여라

천적이 알아볼 수 없도록 아예 주변 환경 속에 제 모습을 숨기거나 천적도 두려워할 만한 대상과 흡사한 모습으로 변신하는 경우도 있다. 이것을 의태^{擬態}라고 한다. 의태는 두 종류로 나뉘는데, 전자처럼 주위 환경과 비슷하게 위장하는 것을 은폐의태라고 하고, 강력한 개체의 생김새나 특징을 흉내 내는 것을 경계의태라고 한다.

은폐의태는 애벌레, 번데기, 어른벌레 시기에서 다양하게 나타난다. 뱀눈나비류 애벌레의 무늬와 색깔은 먹이식물의 것과 거의 흡사해서 자세히 들여다보지 않으면 분간하기가 어렵다. 갈구리나비 번데기의 변신술도 대단하다. 녀석은 뾰족뾰족 가시가 난 나무에 매달려 9개월 정도 번데기로 지내는데, 알고 봐도 어떤 것이 번데기인지 분간이 가지 않을 정도로 가시와 흡사하다. 하긴 약 9개월간 꼼짝도 않고 지내야 하니, 보통 철저하지 않으면 천적에게 그보다 잡아먹히기 쉬운 먹잇감이 또 어디 있을까.

방아깨비나 메뚜기는 풀숲에 있으면 숨은그림찾기나 다름이 없고, 대벌레는 나뭇가지와 비슷하다 못해 그냥 나뭇가지 같다. 생존을 위해 거의 완벽에 가까울 만큼 주변 환경과 비슷하게 변한 대벌레의 진화가 놀라울 뿐이다. 심지어 대벌레는 잘 움직이지도 않는다고 하니, 대벌레를 잡아먹는 생물에게도 그 뛰어난 관찰력에 감탄의 박수를 보내야 할 것 같다.

경계의태의 대표 주자를 꼽으라면 등에가 아닐까. 등에는 언뜻 보면 벌처럼 생겼다. 그중에서도 꽃등에는 정말 꿀벌과 비슷하다. 등에가 벌을 흉내 내는 이유는 당연히 천적에게 무서운 무기인 침이 있는 벌처럼 보이기 위해서다. 사람이 벌을 무서워하는 것처럼 등에의 천적들도 벌을 두려워하는 모양이다. 사실 등에는 파리 무리로, 자세히 보면 벌과 달리 날개가 한 쌍이고, 침이 없다는 것을 알 수 있지만 휙휙 날아다니는 녀석을 벌과 구별하기란 쉽지 않다.

뱀 흉내를 낸 호랑나비 애벌레

앞서 이야기한 호랑나비 애벌레와 제비나비 애벌레는 냄새뿔로 방어(혹은 일종의 공격)하는 것으로도 모자라 뱀 흉내도 낸다. 번데기가 되기 직전, 다 자란 애벌레는 온몸이 초록빛으로 변하고, 머리 부분에는 마치 뱀 얼굴과 같은 무늬가 생긴다. 애벌레를 먹이로 삼는 새나 곤충을 위협하려는 것이다. 자그마한 애벌레가 뱀으로 위장한 모습은 보고 또 봐도 신기하다. 어떻게든 살아남아 나

생태개념 수첩

비가 되려는 그들의 몸부림이 고스란히 전해지는 것 같다.

천적의 눈을 속여 생존하는 방법 중에는 의사疑死도 있다. 말 그대로 죽은 척 하는 것이다. 천적인 새들이 죽은 생물을 먹지 않는다는 것을 알고서 주로 딱정벌레류가 보이는 행동이라고 한다. 위협을 느끼면 죽은 것처럼 꼼짝 않고 있다가 천적이 사라지거나 한눈을 팔면 슬그머니 도망친다.

특히 재밌는 것은 바구미다. 바구미도 위험한 상황이다 싶으면 죽은 것처럼 꼼짝 않는데, 이때 다른 딱정벌레들과는 달리 실제로 기절한다. 이는 생명의 위협을 느낄 만한 자극을 받으면 나오는 재빠르고 순간적인 반사행동이라고 한다. 약간 의미가 다르긴 하지만, 이순신 장군의 "살고자 하면 죽을 것이요, 죽고자 하면 살 것이다."는 명언이 떠오른다. 바구미의 생존 의지는 순간적인 죽음도 넘어서나 보다.

작전3
얼지 않고 버텨라

개인적으로 곤충의 생존 전략 중 가장 경이롭고 부러운 것이 겨울잠이다. (물론 겨울잠을 자는 동물은 곤충 말고도 많다. 개구리와 다람쥐, 거북이, 곰 등등) 덩치가 큰 온혈동물인 사람도 겨울이 춥고 매서운데, 하물며 자그마한 곤충은 오죽할까. 우리가 발을 동동거리며 움츠러들고, '따뜻한' 아랫목을 찾을 때 곤충들은 모든 활동을 멈추고 땅속이나 풀숲, 나무속 혹은 사람이 생각지도 못하는 장소에서 죽은 것처럼 잠을 자며 겨울을

난다. 춥기도 추울뿐더러 먹이도 찾을 수 없을 테니, 괜히 돌아다니며 에너지를 소비하는 것보다는 꼼짝 않는 것이 생존에 더 유리하다는 것을 터득한 것이다.

이처럼 많은 곤충이 모진 추위 속에서도 동사凍死하지 않고 생존할 수 있는 이유 중 하나는 몸이 얼어붙는 것을 방지하고자 신체의 어는 점을 낮추는 생리적 메커니즘 덕분이라고 한다. 뿐만 아니라 여름잠을 자는 곤충도 많다. 한겨울 추위나 한여름 더위나 혹독하기는 매한가지일 테니, 참 현명한 선택이다 싶다. 개인적으로 더위, 추위를 모두 타는 편이라 겨울잠, 여름잠을 자는 곤충들이 얼마나 부러운지 모른다.

이처럼 곤충은 다양한 생존 전략을 구사하며 있는 힘껏 자신에게 주어진 생을 산다. 때로는 그 모습이 치열하다 못해 구차해 보이기도 하고, 안쓰럽게 여겨지기도 하지만 그건 어디까지나 사람의 시선으로 곤충을 바라보기 때문일 것이다. 그들의 삶과 살아가는 방식을 들여다보면 어떤 허세나 계산도 없어 보인다. '왜?'라는 질문도 없고, '어떻게?'라는 부연도 없이 매우 명징하다. 곤충의 생존 방식을 살펴보니 이제 조금 알 것도 같다. 생존이라는 것은 매 순간순간이 생의 마지막인 양 최선을 다해서 그저 살아갈 뿐이라는 것을.

생명 존재의
이유?

성[別]이 있든 없든, 짝이 필요하든 않든 지구상 대부분의 생명체는 그 구조와 생태가 "생물이 자기와 닮은 개체를 만들어 종족을 유지"하는 번식(생식)을 중심으로 이루어진 것처럼 보인다. 결혼(혹은 그와 흡사한 형태)과 출산을 매우 중요시 여기는 것을 보면 인간 역시 마찬가지인 것 같다. 물론 개인으로서의 인간의 존재 이유는 다를 수도 있겠지만.

　지난여름, 도심 속에 있는 사무실에도 어김없이 매미 소리가 들려왔다. 특히 '차르르륵……' 하며 우는 말매미 소리를 자주 들었는데, 소나기 쏟아지듯 노래한다는 표현이 딱 어울렸다. 말매미는 7년 동안 땅속에서 지내다 바깥으로 나와서는 고작 2주 정도만 살고 죽는다. 바깥 세상으로 나온 그들은 날마다 혼신의 힘을 다해 목청을 높인다. 어떤 위험을 느껴 경계음을 내는 경우를 제외하고는 대부분 짝을 찾기 위해

목이 터져라 노래하는 것. 마치 그들에게 생의 마지막 2주는 번식만을 위한 시간 같다. 어쩌면 어두컴컴한 땅속에서 보낸 7년 역시 마찬가지일지 모른다.

어디 말매미의 삶만 그러할까. 아메바와 같은 단세포 생물에서부터 식물, 동물에 이르기까지 지구에 사는 생물 대부분은 번식이라는 큰 사이클 안에서 태어나고 죽는다(예외로 세균은 다른 세포와 유전 물질을 교환하지만, 생식은 하지 않는다고 한다). 하지만 번식하는 방법은 저마다 다르다. 특히 성[性]과 번식을 동일시 여기는 경우가 있는데, 반드시 그렇지는 않다. 그래서 번식(생식)은 크게 성[性]과 관련 없이 번식하는 무성[無性] 생식과 유성[有性] 생식으로 나눌 수 있다.

수컷 매미는
번식할 상대를 찾기 위해
목이 터져라 울어야 한다.

무성생식,
똑같은 나를 만들어 내다

암수 구별이 없다면 어떻게 번식을 할까? 단세포 생물은 간단하게 자신을 둘로 나눈다. 단세포[單細胞]라는 이름처럼 세포 하나만 있으면 생존하기 때문이다. 이런 분열 과정 후에 생긴 딸세포는 모세포와 모양과 기능은 물론 유전 정보까지 똑같은 클론이다. 그래서 단세포 생물의 번식은 '자기와 닮은 개체'를 만드는 것이라기보다는 '자가 복제'

라 할 수 있다.

무성생식 중에는 출아법이라는 것도 있
다. 해파리나 히드라와 같은 유즐동물과
자포동물이나 효모 등에서 보이는 번식법
이다. 싹을 낸다는 뜻의 출아^{出芽}에서 알 수
있듯이, 몸의 한 부분에서 싹처럼 돌기나
촉수 같은 것이 생겨 어느 정도 자라면 원래
몸에서 떨어져 나가 또 하나의 개체가 된다. 이

출아법으로 번식하는
해파리

것 역시 어버이 개체와 똑같은 유전 정보를 갖는다. 식
물에서도 이런 현상을 찾아볼 수 있다. 식물의 가지를 꺾어 일정 부분
만 물에 잠기게끔 꽂아 두면, 가지가 꺾인 부분에서 어버이 개체와 유
전자가 동일한 새로운 개체가 자란다고 한다.

유성생식,
둘이 만나거나 하나가 둘이 되거나

유성생식은 기본적으로 암컷과 수컷이 생식세포인 난자와 정자를
만들고, 이 둘이 결합하는 수정 과정을 거쳐 새로운 개체를 만든다. 모
두가 그렇지는 않지만 대개 난자가 크고 정적^{靜的}이며, 정자는 난자에
비해 작고 동적^{動的}이다. 보통 암컷이 난자를 만들고, 수컷이 정자를 만
든다고 여기기 쉽지만, 난자를 만들기에 암컷이고, 정자를 생산하기
때문에 수컷이라고 볼 수도 있다.

반면, 유성생식을 하는 생물이라고 해서 모두 암·수컷이 나뉘는 것은 아니다. 한 개체에서 난자와 정자가 모두 생성되는 경우도 있는데, 암수한몸인 생물이 그러하다. 이 중에서도 자가수정(같은 몸에서 만들어진 난자와 정자로 수정하는 것)이 가능한 생물은 말매미처럼 목청 높여 노래하거나 노랑턱멧새처럼 머리깃을 화려하게 치장하지 않아도 된다. 짝을 찾을 필요가 없기 때문이다. 이런 특성은 종이 존속하는 데 큰 장점이 된다. 몇 해 전, 제주 바다에 대량으로 확산되면서 바다 생태계 교란 생물로 여겨졌던 분홍멍게가 이에 속한다.

또한 식물에서는 번식기관인 꽃 중에 암술과 수술이 함께 존재하는 양성화가 많아, 수술의 꽃가루주머니에서 나온 꽃가루가 암술머리에 닿아 자가수분하는 종을 어렵지 않게 볼 수 있다. 자가수분은 유성생식법에 해당하지만 암수가 한 몸이므로, 무성생식의 예처럼 새로운 개체가 어버이와 똑같은 유전 정보를 갖는다.

암수한몸(자가동체)이기는 하지만, 자신의 난자와 정자로 수정하지 못하는 생물도 있다. 대표적인 생물로는 달팽이를 들 수 있다. 암수한몸 생물 중에서 난자가 먼저 성숙하는 생물을 자성선성숙雌性先成熟, 정자가 먼저 성숙하는 생물을 웅성선성숙雄性先成熟이라고 한다. 달팽이는 후자에 해당하며, 다른 개체와 짝짓기를 한 뒤에 몸속에 자신의 정자와 상대의 정자를 함께 지니고 있

달팽이는 암수가 한 몸이지만,
자신의 난자와 정자로는 수정하지 못한다.

113

다가 자신의 난자가 성숙하면 상대의 정자와 수정시킨다.

　사람을 비롯한 대부분의 동물과 몇몇 식물은 암수딴몸(암수딴그루)인데, 이들의 번식 방법은 다시 체내수정과 체외수정으로 나뉜다.

　체내수정을 하는 생물은 암수가 만나 짝짓기를 하고, 체내수정이 이루어져야 번식이 가능하다. 다시 말해, 짝을 찾지 못하면 아예 번식을 할 수 없으므로 수많은 생물이 제 짝을 찾기 위해 갖은 애를 쓰는 것이다. 체내수정으로 번식하는 생물에게는 이러한 구애의 어려움이 있지만, 새로 태어날 개체에게는 이로운 점도 많다. 난자와 정자가 결합한 수정란(새끼)은 어미의 몸속에서 보호받을 수 있다. 또 수정란을 품는 과정은 어미로 하여금 모성애라는 힘을 만들어 내는 강력한 동기도 되므로, 새끼는 태어나서 자랄 때까지 어미의 극진한 보살핌을 받을 수 있다. 이때는 수컷 또한 암컷이 낳은 새끼가 제 새끼일 가능성이 높으므로, 먹이를 물어다 주는 등 부성애를 발휘한다(물꿩처럼 아비가 새끼를 도맡아 보호하고 키우는 예도 있다).

　암수딴그루 식물인 경우에는 수꽃의 꽃가루를 바람이나 곤충, 새 등의 힘을 빌려 암꽃 머리로 옮기는 타가수분을 한다. 암수한그루더라도 유전적 다양성을 위해 자가수분을 피하고 타가수분을 하기도 한다.

'진보'하는 것이 아니라
'변화'하는 것

진화는 "정도나 수준이 나아지거나 높아진다."는 진보와 같은 의미로 쓰일 때가 많다. 하지만 생물학적으로 진화는 발전과는 관계없이 생물의 모든 변화를 가리킨다. 또한 자연선택처럼 진화에는 반드시 목적이 있는 것처럼 보이지만, 목적 없이 우연히 발생한 돌연변이가 유전되는 것도 진화의 일부다. 사람의 눈에나 '발전' 혹은 '퇴화'처럼 보일 뿐, 이유가 있든 없든 세대를 거듭하며 변하는 것은 모두 진화이다.

다윈은 '진화'를 말하지 않았다

아마도 꽤 많은 이들이 '진화'하면 『종의 기원』을 쓴 찰스 다윈 Charles Robert Darwin, 1809~1882년을 떠올릴 것이다. 다윈 이전에도 많은 학자들이 진화에 대해 연구해 왔지만, 진화의 원리나 구조를 가장 체계적으로 정

찰스 다윈(1809~1882년). 영국의 생물학자, 박물학자이다.
1831~1836년, 영국 해군의 측량선인 비글호를 타고 남반구를 항해했다.
항해한 지역의 동식물과 지질 등을 탐사했고,
이를 바탕으로 진화론의 발판을 마련했다.

리한 이가 다윈이기에 사람들의 뇌리 속에 '다원=진화'라는 식이 그려지는 것일 테다.

그러나 정작 다윈은 그의 책에서 진화^{Evolution}라는 표현은 거의 쓰지 않았다. 'Evolution'은 라틴어로 '펼쳐지다, 전개하다'는 뜻의 'Evolvere'에서 유래한 말로, 생물의 발생 과정과 체제를 연구하는 학문인 발생학에서 전성설*의 과정을 가리키는 의미로 쓰였기 때문이다. 전성설 이론은 다윈이 생각한 진화와는 의미가 달랐으므로, 다윈은 '진화'라는 표현 대신에 '변이를 수반하는 유전^{Descent with Modification}'이라는 말을 썼다.

하지만 다윈이 살던 19세기에는, 허버트 스펜서^{Herbert Spencer, 1820~1903년}와 같은 학자들이 적자생존이나 사회진화론 등을 주장하면서, 왜곡된 개념의 '진화'라는 표현이 널리 퍼진 상태였다. 다윈도 어쩔 수 없이

*

전성설前成說 생물이 다 자랐을 때의 모습은 성장하면서 가꿔지는 것이 아니라 이미 시작부터 존재했던 것이라는 학설이다. 닭을 예로 들면, 알 속에 있을 때부터 닭의 형태와 구조를 갖추고 있어 자라면서 그것이 펼쳐질 뿐이라는 것. 19세기 이전까지는 꽤 영향력을 미치는 이론이었으나, 이후 후성설(생물은 자라면서 단순한 형태에서 복잡한 형태로 발전한다는 학설)에 무게가 더 실리면서 이울었다.

이 표현을 받아들였지만, 그는 생물에 대해 절대로 고등하다거나 하등하다는 말은 쓰지 않겠다고 다짐했다. 그러므로 진화를 진보, 향상, 발전 등으로 받아들이는 것은 다윈의 진화론을 완전히 오해하는 것이다.

다윈이 말하는 진화, '변이를 수반하는 유전'이 일어나려면 그 말에서도 알 수 있듯이 변이가 발생해야 하고, 이 변이가 유전되어야 한다. 변이가 없다면 아무런 변화도 없을 것이고, 변이가 있다고 하더라도 세대를 거듭해 전해지지 않는다면 진화는 일어나지 않는다. 여기에 수많은 생명이 태어나더라도 생존하는 것은 소수고, 살아남은 암컷이 낳은 새끼의 수는 저마다 다르다는 조건이 충족되면 진화가 일어나는 것이다.

다윈은 토머스 맬서스Thomas Robert Malthus, 1766~1834년의 『인구론*』의 이론을 들어 진화가 발생하는 원인을 설명하고자 했다. 이 세상의 모든 생물이 주어진 식량보다 훨씬 많은 자손을 남기므로 자연계에서는 생존경쟁이 필연적이라고 본 것이다. 여기서 나온 개념이 자연선택이다.

생물은 경쟁 속에서 살아남기 위해 저마다의 방식으로 변화를 꾀하게 된다. 이때 어떤 식으로라도 생존에 도움을 주는 변이가 있다면 이는 다음 세대로 전해지며, 변이가 유전된 후손은 생존경쟁에서 살아남을 확률이 높아진다. 이처럼 아주 사소한 변이라도 생존에 유리하다면

＊

인구론 토머스 맬서스가 1838년에 내놓은 이론. 인구는 기하급수적으로 늘어나지만, 생존에 필요한 물자가 증가하는 것은 이 속도를 따르지 못하므로, 인류는 생존경쟁을 피할 수 없다는 것이다.
즉, 이러한 생존경쟁이 없다면 지구는 넘쳐나는 인구수를 감당하지 못하고 멸망하게 될 것이라는 이론이다.

생태개념 수첩

세대를 거듭해 유전되는 것이 자연선택이며, 이러한 과정에서 일어나는 변화를 적응이라고 한다.

DNA로
보는 진화

그러나 DNA가 발견되고 관련 연구가 활발한 현재, 생물학자들은 진화가 자연선택으로만 일어나는 것은 아니라고 말한다. 예를 들어 다음 세대로 이어지는 돌연변이는, 반드시 자연선택의 논리대로 생존에 유리한 형태의 변이이기 때문에 유전된 것이라고는 볼 수 없고, 무작위로 선택된 유전자일 수도 있다는 것이다.

이것을 무작위적인 유전적 부동Genetic Drift이라고 한다. 즉, 진화에 반드시 어떤 목적이 있는 것은 아니라는 것이다. DNA에서 발생하는 진화는 자연선택과 적응만으로는 설명하기 어렵기 때문이다. 오늘날 DNA 연구 결과에 따르면, 실제로 유전에 영향을 미치는 DNA는 전체의 5퍼센트 남짓이다. 나머지 약 95퍼센트는 세대를 거듭하며 전달되기는 하지만 어떤 역할도 하지 않는다.

이러한 DNA에서 일어나는 무작위적인 변화(진화)를 적응과 연결시키기란 무리가 있어 보인다. 통계적으로 보면 유전적 부동이 일어나는 것은 표본 오차 범위 내에 속한다. 수치적으로 확률이 낮고 적응의 개념으로 설명하기도 어

렵지만, 이 역시 분명한 진화다. 다윈의 말처럼 진화란 절대적 기준이 없는 상대적인 개념이니까.

그렇다고 다윈의 자연선택이 틀렸다는 것은 아니다. 19세기에는 아직 DNA가 발견되지 않아 생물의 외부 형태나 구조를 보고서 진화를 이해할 수밖에 없었을 것이다. 또한 눈으로 관찰할 수 있는 형태나 구조 대부분은 다윈의 말처럼 자연선택에 따른 적응의 결과물이기 때문이다. 다만, 다윈의 시대에도 DNA가 발견되었다면 그의 진화론도 지금과는 많이 달라지지 않았을까.

과거완료가 아닌 현재진행형,
그러나 멈출 수 있다

사라지지 않고 영원할 생물은 없다는 점에서, 멸종은 정상적인 현상이다. 과거에도 '5대 멸종'을 비롯한 수많은 멸종사건이 있었다. 원인은 대부분 기후변화나 소행성·운석 충돌 같은 천재지변적 재앙으로 추정된다. 그리고 많은 생물학자들은 오늘날이 6번째 멸종 시기라 주장하며, 그 원인을 과거 멸종과는 달리 인간에게서 찾는다. 현재 세계 곳곳에서 일어나는 멸종을 그저 '정상적인' 것으로만 받아들일 수 없는 이유가 여기에 있다.

사실 이 글을 쓰기 전까지 내게 '멸종'이란 막연한 개념이었다. 어떤 존재가 이 세상에서 사라진다는 점에서 죽음과 비슷하지만, 일상에서는 별로 인식한 적이 없고, 오히려 판타지 영화나 소설 속 이야기로 자주 접했다는 점에서 전설이나 신화에 더 가까웠다. 멀게는 삼엽충이나 공룡이 그러했고, 상대적으로 가까운 시기에는 도도나 콰가(Quagga)가 그러했다. 그래서 이 단어가 가진 현실적인 무게에 대해 진지하게 생각해 본 적이 없었다.

그러다 이 글을 쓰려고 멸종의 정의를 찾아보았는데, 깜짝 놀랐다. "생물의 한 종류가 아주 없어짐. 또는 생물의 한 종류를 아주 없애버림."이라니! 물론 멸종의 의미를 모르고 있었던 것은 아니지만, 덤덤하게 규정된 뜻이 주는 무게는 꽤 어마어마했다. 사전에 표기되어 있지 않지만, '한 종류를 아주 없애버리는' 주체가 인간이라는 생각이 들어 마음이 더욱 무거웠다.

물론 지구에서 일어난 멸종이 모두 인간과 관련된 것은 아니다. 인간이 출현하기 이전부터 멸종은 있었고, 멸종된 생물의 규모로 보면 지금과는 비교가 되지 않을 만큼 많은 종이 멸절했다.

지구의 변화에 따라 사라지다

약 45억 년 전, 지구가 탄생한 이래로 수많은 생물이 생겼다 사라지기를 반복했다. 멸종과 회복의 역사는 화석을 통해 유추해 볼 수 있는데, 가장 오래된 것은 약 5억 6,000만 년 전에 일어난 멸종이라고 한다. (지구에 생물이 생겨나기 시작한 때는 그보다 오래된 선캄브리아기로 알려지지만, 이 시기의 멸종을 확인할 만한 화석 기록이 충분하지 않다.) 이후에도 지구 역사를 살펴보면 여러 차례의 멸종이 있었는데, 그중에서 가장 많이 알려진 것은 규모가 아주 커서 대멸종이라 불리는 '5대 멸종'이다.

121

5대 멸종

📎	오르도비스기 후기 (약 4억 4,000만 년 전)	당시 남쪽에 있던 대륙들이 남극으로 이동하면서 대대적인 빙하기가 시작되었다. 이로 인해 완족동물, 극피동물, 삼엽충 등과 함께 난대성 동물이 사라졌다.
	데본기 후기 (약 3억 7,000만 년 전)	이보다 앞선 시기에 시작된 멸종이 이 시기의 대량 멸종으로 이어진 것으로 보인다. 두족류와 갑주어가 대량으로 멸절했다. 원인으로 추측되는 것은 지구 냉각화나 운석 충돌이다.
	페름기 후기 (약 2억 5,100만 년 전)	5대 멸종 중 제일 대규모로, 페름기-트라이아스기(PTr) 멸종이라고도 한다. 이때 워낙 많은 생물종이 사라지면서, 고생대와 중생대를 구분 짓는 분수령이 되었다. 바다에 살던 동물 대부분이 사라졌고, 뭍에서도 곤충, 양서류, 파충류와 같은 동물은 물론이거니와 식물도 대부분 멸종했다. 이후, 생물종이 멸종 이전과 비슷한 수준으로 다양해지기까지는 약 1억 년이 걸렸다고 한다. 멸종이 일어난 원인으로 제기되는 가설은 많으나 모두 불확실하다.
	트라이아스 후기 (약 2억 년 전)	암모나이트와 복족류, 이매패류 등 바다생물이 대량으로 사라졌다. 코노돈트라 불리는 생물도 이때 멸종한 것으로 본다. 대륙이 이동하면서 생긴 극심한 기후변화가 멸종 원인으로 추정된다.
	백악기-제3기(KT) (약 6,500만 년 전)	가장 잘 알려진 대멸종이다. 지구 역사상 가장 덩치가 큰 동물이었던 공룡이 사라졌고, 바다에 살던 장경룡과 하늘을 날던 익룡, 플랑크톤과 비슷한 유공충 무리도 대부분 멸절했다. 오랜 시간 지속된 기후변화나 소행성·운석 충돌로 인해 멸종이 일어났다는 설이 유력한 원인으로 꼽힌다.

※참고: 마이클 J. 벤턴, 『대멸종』, 뿌리와이파리, 2007

공룡과 익룡은 6,500만 년 전인 백악기-제3기(KT)에
멸종한 것으로 추정된다.

KT 멸종 이후 '5대 멸종'에 비해서는 규모가 작은 멸종이 몇 번 더
있었는데, 그나마 최근이라고 할 수 있는 것은 플라이스토세 후기(약
200만 년 전)에 일어난 멸종이다. 매머드, 털코뿔소, 마스토돈과 같은 대
형 포유류가 사라진 것도 이 시기다. 이들이 사라진 원인 역시 기후변
화와 관련이 있을 것으로 보는데, 일부 종은 그 무렵 출현한 인간의 수
렵활동에 의해 멸종되었을 가능성도 있다.

인간의 욕심에 따라
사라지다

인류가 출현하기 이전에 일어난 멸종은 거의가 끊임없이 변하는 지
구 환경에 따라 발생한 현상이다. 꽃이 피고 지고, 사람이 나고 죽는 것
처럼 자연스러운 일이다. 하지만 16세기 무렵부터 일어난 멸종은 이전

의 멸종과는 달리 자연의 순리처럼 보이지 않는다. 멸종된 종수로만 따지면 과거에 비해 미비하지만(예를 들어 5대 멸종이 일어났을 때는 당시 생물종의 50퍼센트 정도가 사라졌다고 한다), 사라진 생물 대부분이 인간에 의해 멸종되었기 때문이다.

16세기, 유럽에서는 바다를 통해 다른 대륙이나 섬으로 건너가는 항해시대가 시작되었다. 그들에게는 미지의 세계를 향한 모험의 시대가 열린 것이었지만, 그 미지의 세계에 살던 생물들에게는 비극의 시대가 열린 셈이다. 모험심으로 시작된 그들의 항해는 제국주의의 팽창과 함께 잔혹한 멸종사를 써 나갔다. 기록으로 남은 멸종 건수를 보면 18세기에서 20세기에 크게 급증했는데, '그들만의 천국'에 살던 인간들의 손에 얼마나 많은 생물들이 죽어 갔는지를 알 수 있다. 알려진 바로는 20세기에 절멸한 동물만 200여 종에 이른다고 한다.

인간에 의한 멸종이 사냥과 수집 때문으로만 일어난 것은 아니다. 18세기 후반, 영국에서 시작된 산업혁명이 점차 전 세계로 퍼지면서 지구 환경은 심각하게 오염되었다. 이로 인해 수많은 생물의 서식지가 변하거나 파괴되었고, 삶터를 잃은 생물들은 서서히 지구에서 사라졌다. 뿐만 아니라 인간이 자신들의 목적을 위해 들여온 외래종도 고유종의 멸종 원인이 될 수 있다. 외래종은 그 지역의 고유한 생태계를 어지럽히는 경우가 있는데, 이는 고유종의 생존을 위협하는 결과를 낳게된다. (외래종이 생태계를 파괴한다는 의견이 많은데, 엄밀히 말해 그 주범은 외래종을 들여온 인간이다.)

인간에 의해 멸종된 생물을 이야기할 때 가장 자주 언급되는 것이 도도다. 인도양의 섬 모리셔스에서 유유히 살던 새 도도는 1500년대 포르투갈 선원들이 이 섬에 발을 들여놓은 이후, 인간들의 사냥감으로 전락했다. 뿐만 아니라 사람들과 함께 섬에 들어온 원숭이나 쥐 등이 도도의 알을 먹어 치우면서 개체수는 급격하게 줄었다. 오랜 세월, 생존을 위협하는 육식 동물의 공격 없이 나무 열매를 먹으며 살았던(그래서 비행능력마저 퇴화한) 도도는 인간이 섬에 들어온 지 채 200년이 되지 않은 1681년, 지구에서 사라졌다.

6번째 멸종은 멈출 수 있다

세계자연보전연맹IUCN 적색목록에 따르면 지금까지 절멸한 생물은 799종이고, 멸종위기에 처한 생물은 대략 7만 5,000종이다(포유류 5,000여 종, 조류 1만여 종, 양서류 6만여 종). 또한 매년 5,000~2만 5,000종이 멸종된다는 의견도 있는데, 이는 하루에 13.7~68.5종이 사라진다는 말이다. 이런 추세는 과거에 비해 1,000배나 빨라진 것이라고 한다. 지금 우리는 6번째 멸종 시기를 살고 있다는 말이 괜히 나온 것은 아닌 것 같다.

이런 일이 벌어진 이유는 (누구나가 예상하듯) 스스로를 만물의 영장이라고 칭한 인간 탓이다. 이유가 너무 빤해서 어쩐지 민망하지만, 그나마 다행인 것은 '원인'을 명확하게 안다는 것이다. 원인을 알면 해결의 실마리도 분명해지는 법이니까. 현재 지구에는 2,000만~1억 종의 생물이 사는 것으로 알려지며, 아마 더 많을지도 모른다. 우리 인간도 지구라는 큰 집에 사는 수많은 생물 중 한 종일 뿐이라는 것을 스스로 인식하고, 그들이 있기에 우리가 존재할 수 있다는 것을 깨닫는다면 6번째 멸종은 분명 멈출 수 있을 것이다. (이유만큼이나 답도 빤한 것을, 우리는 왜 몰랐을까?)

깃대종
핵심종
지표종

우리는
왜 그들을 기억해야 하나

요즘 4대강 모두에서 큰빗이끼벌레가 발견되었다고 세상이 떠들썩하다. 전날에는 대전시의 한 구청이 이끼도롱뇽 서식처를 훼손해 여론의 뭇매를 맞았다. 그리고 얼마 전에는 70여 년 만에 미국 옐로스톤 국립공원으로 돌아온 회색늑대 사연을 다룬 짧은 다큐멘터리기 화제였다. 언뜻 별 연관성 없어 보이는 이들의 공통점은 무엇이고, 주목받는 이유는 무엇일까?

잃어버린
자연을 찾아서

세상에는 수많은 생물이 산다. 생김새도, 삶꼴도 다르지만, 큰 틀에서 보면 생물은 모두 유기적으로 연결되어 있다. 그러니 사람 눈으로는 확인조차 할 수 없는 미세한 균류에서부터 지구에서 제일 큰 동물로 알려지는 대왕고래까지, 어느 누구 하나 중요하지 않은 생명이 없다.

그러나 사람 사는 사회에서는 사정이 조금 다르다. 유명 인사나 위인의 이름 앞에 수식어가 붙는 것처럼 깃대종, 지표종, 핵심종이라는 꾸밈말이 덧붙으면서 특별대우를 받는 생물이 따로 있다. 바로 앞에서 언급한 이들이 그렇다. 큰빗이끼벌레는 호수지표종, 이끼도롱뇽은 깃대종, 회색늑대는 핵심종으로 분류되며 세간의 이목을 끈다.

산업혁명 이후, 서구 사회를 필두로 해 세계는 급속도로 산업화되었고, 그 과정에서 발생한 무분별한 개발과 남획 등으로 지구 생태계도 빠르게 파괴되었다. 생태계의 유기적인 관계를 전혀 고려하지 않은 이러한 행태는 결국, 오늘날 심각한 환경오염과 기후변화 등을 초래했다.

그리고 소 잃고 외양간 고치는 것 마냥 1990년대 초반, 다시 서구 사회를 중심으로 생태계 복원과 환경보전, 생물다양성의 중요성이 부각되기 시작했다. 이후 이와 관련한 국제적 협약들이 체결되었고 단체나 기구의 운동도 활발해졌다. 깃대종이나 지표종, 핵심종도 이러한 배경에서 비롯되었거나 주목받기 시작한 개념이라 하겠다.

지역을 대표하는 얼굴, 깃대종

깃대종Flagship Species이란 한 지역의 생태계나 지리·문화적 특성을 상징하는 동식물이다. 또한 이러한 중요성을 들어 사람들이 보호해야 한다고 여기는 종을 뜻하기도 한다. 1993년 국제연합환경계획UNEP에서 생물다양성을 보전하고자 처음 제시한 개념이다. 이때부터 생물도 자원*인 시대가 열렸고, 국제적으로 각국의 고유생물 확보와 관리의 중요성이 드높아졌다.

우리나라도 국제적인 추세에 발맞춰(!) 각 지역마다 깃대종을 선정, 발표하고 있으며, 깃대종을 아예 지역의 상징으로 삼겠다는 소식도 속속 들려온다. 글머리에서 이야기한 대전시의 경우에는 이끼도롱뇽과 하늘다람쥐, 감돌고기를 깃대종으로 발표했다(3종이나 선정은 했으나, 아직 관리는 소홀한 듯하다).

이 외에도 홍천군 내린천의 열목어, 무주군 덕유산의 반딧불이, 울산 태화강의 각시붕어, 서울 월드컵공원의 맹꽁이, 백령도의 물범, 청양군의 수리부엉이, 의왕시의 올빼미, 김천시의 은행나무, 거제도의 고란초, 부천시의 복사꽃, 괴산군의 미선나무 등을 예로 들 수 있다. 또한 국립공원관리공단은 전국 20개 국립공원을 상징할 수 있는 깃대종 39종을 선정했다.

수리부엉이는
청양군의 깃대종이다.

---

*
생물자원Biological Resources 인류의 생활에 실질적으로 도움이 되는 동식물이자,
장래 유효성이 기대되는 생물을 뜻한다. 이는 결국 또 자연과 생물을 인간중심적인 관점에서 바라본 개념에 지나지 않는다. 자연과 생물을 인간의 필요가 아닌, 그 존재 자체로 바라볼 수 있을 때 비로소 우리는 진정한 생물다양성을 이야기할 수 있을 것이다.

깃대종 선정 절차

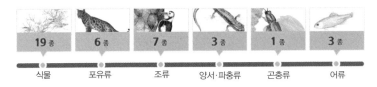

| 깃대종
선정위원회 구성 | 깃대종
후보군 선정 | 국민참여절차
(네티즌, 탐방객, 지역의견 설문)
시행 | 설문결과 토대
깃대종 선정 |

깃대종 선정 현황

19종	6종	7종	3종	1종	3종
식물	포유류	조류	양서·파충류	곤충류	어류

국립공원별 깃대종

설악산
눈잣나무 / 산양

복한산
산개나리 / 오색딱다구리

오대산
노랑무늬붓꽃 / 긴점박이올빼미

태안해안
매화마름 / 표범장지뱀

월악산
솔나리 / 산양

치악산
금강초롱꽃 / 물두꺼비

소백산
모데미풀 / 참갈겨니

계룡산
호반새 / 이끼도롱뇽

속리산
망개나무 / 하늘다람쥐

덕유산
구상나무 / 금강모치

주왕산
둥근잎꿩의비름 / 솔부엉이

변산반도
변산바람꽃 / 부안종개

무등산
털조장나무 / 수달

내장산
진노랑상사화 / 비단벌레

가야산
가야산은분취

경주
소나무 / 원앙

지리산
히어리 / 반달가슴곰 / 삵

한려해상
거머리말 / 팔색조

다도해상
풍란 / 상괭이

월출산
끈끈이주걱 / 물래새

출처: 국립공원

생태개념 수첩

없으면 절대 안 되는 존재, 핵심종

깃대종은 한 지역을 대표하는 종이기는 하지만, 이 종이 없다고 해서 그 지역 생태계가 위협을 받는 것은 아니다. 반면 핵심종Keystone Species은 이 종이 사라지면 먹이사슬의 균형이 깨져 생태계 전체가 파괴된다. 이름 그대로 생물다양성을 보전하고 생태계를 유지하는 데 핵심적인 역할을 하는 종을 뜻한다.

핵심종의 중요성을 단적으로 보여 주는 예가 미국 옐로우스톤 국립공원의 회색늑대일 것이다. 1920년대 옐로스톤 국립공원은 사람과 가축에 해를 끼친다는 이유로, 공원에 살던 회색늑대 약 10만 마리를 모두 사살했다. 일제강점기에 조선총독부가 해수害獸를 구제驅除한다며 한반도의 호랑이, 표범, 늑대 등을 무차별 포획해 전멸시킨 것과 같은 맥락이다.

회색늑대가 멸절된 공원은 잠시 평화로워진 듯했으나, 이내 이상 징후가 나타났다. 공원에서 나무가 사라지기 시작한 것이다! 남아 있는 나무는 대부분 키가 2미터가 넘고 수령이 70년이 넘는 고목들뿐이었다. 이는 초식동물의 공격에서 그나마 자유로운 키 큰 나무만 생존했고, 회색늑대를 전멸시킨 이후에는 나무가 아예 자라지 않았다는 것을 뜻했다.

이런 상황에 이른 이유는 공원 내에서 더는 '공포의 생태학'이 성립되지 않았기 때문이다. 공포의 생태학이란, 천적에 의해 초식동물이 느끼는 죽음의 공포가 나무의 성장에 미치는 현상을 말한다. 즉, 초식동물의 공포가 커지면 커질수록 숲은 울창해지는 것이다. 뒤늦게 이런 상황을 깨달은 옐로우스톤 국립공원은 1955년, 캐나다에서 회색늑대 31마리를 데려와 방사했다. 회색늑대 10만 마리를 멸종시킨 지 70여 년 만의 일이다.

회색늑대가 다시 돌아오자 과연 공원 생태계에는 어떤 변화가 일어났을까? 가장 먼저 천적의 출현으로 초식동물이 공포를 느끼자, 나무들이 새로이 자라났다. 숲이 울울해지자 비버는 다시 나무를 이용해 댐을 지을 수 있게 되었다. 비버가 댐을 만들면 물속에 널따란 습지가 생기고, 이곳은 물고기와 개구리, 오리 등 물속, 물가생물에게 보금자리와 먹을 것을 제공한다. 덕분에 수중생태계도 되살아났다.

회색늑대의 절멸로 급증했던 코요테의 수가 반으로 줄었고, 코요테의 먹이생물이었던 들쥐의 수는 반대로 늘어났다. 그러자 들쥐를 사냥하는 맹금류도 증가했다. 회색늑대 한 종 덕분에 물, 땅, 하늘 가릴 것 없이 전체 생태계의 균형이 바로잡힌 것이다.

핵심종은 이처럼 생태계의 연쇄절멸을 초래하거나 방지할 수 있다는 점에서 매우 중요한 종이다. 하지만 넓은 의미에서 보면, 모든 생물과 생태계는 유기적으로 이어져 있다는 점에서 어떤 생물도 핵심종이 아닌 생물은 없을 것이다.

회색늑대는
먹이사슬의 균형을 유지하는 핵심종이다.

생태계 바로미터, 지표종

어떤 지역의 생태계 특성과 수준을 확인하는 데는 여러 가지 방법이 있을 것이다. 그중 하나가 바로 그곳에 사는 생물을 통해 환경 조건을 알아보는 것이다. 이때 기준으로 삼는 종을 지표종Indicator Species이라고 한다. 이들은 매우 한정된 환경, 특정한 조건 아래서만 살아가기 때문이다.

앞서 잠시 소개한 큰빗이끼벌레는 호수처럼 물이 흐르지 않고 고인 곳에서만 살아가는 종이다. 그래서 호수지표종으로 알려진다. 현재 4대강에서 큰빗이끼벌레가 발견된 것이 논란거리인 것도 이 종의 이러한 특성에서 연유한다. 강이란 '넓고 길게 흐르는 물줄기'인데, 그곳

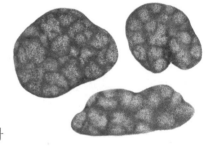

요즘 뉴스에 가장 많이 등장하는 생물이 큰빗이끼벌레가 아닐까. 강에서 큰빗이끼벌레가 발견된다는 것은 강이 호수화되고 있다는 방증일 수 있다.

에서 큰빗이끼벌레가 발견되었다는 것은 강이 호수화되고 있다는 방증일지도 모른다는 것. 물론 지표종의 존재만으로 100퍼센트 그 지역 환경 수준을 판단하기는 무리겠지만, 분명 어느 정도의 척도가 되므로 지표종이라는 개념이 생겼을 것이다.

최근 주목받는 또 다른 지표종은 기후변화지표종(기후변화생물지표, CBIS)이다. 기후변화는 현재 자연환경분야에서는 세계적으로 제일 '핫'한 화두일 것이다. 지구 역사 이래 가장 단기간에 급격히 변하는

환경부

기후변화 생물지표 100종(Ⅰ)

국립생물자원관

척추동물(18종)

재두루미(*Grus vipio*)

콘기러기(*Anser fabalis*)

박새(*Parus major*)

왜가리(*Ardea cinerea*)

동박새(*Zosterops japonicus*)

콘고니(*Cygnus cygnus*)

쇠백로(*Egretta garzetta*)

중대백로(*Egretta alba*)

한일재색오리(*Ardeola bacchus*)

산솔새(*hylloscopus coronatus*)

붉은부리찌르레기(*Sturnus sericeus*)

검은이마직박구리(*ontus sinensis*)

아비(*Gavia stellata*)

쌀게(*Pista brachyura*)

맹꽁이(*Kaloula borealis*)

북방산개구리(*Rana dybowskii*)

금강모치(*Rhynchocypris kumgangensis*)

연준모치(*Phoxinus phoxinus*)

무척추동물(7종)

별감뿔거사리(*Gonodora umbipiatis*)

먼수지렁이라미(*Isostephis pipatis*)

에뽀이제빗(*Calyspongia elegans*)

오셋자기(*Sicata dresicate sepenta*)

검은큰부리(*Tetraxita japonica*)

도셋게(*Stenopus hispidus*)

말슬한손(*Nardanus arosor*)

곤충(21종)

암끝검은표범나비(*Argyreus hyperbius*)

물결부전나비(*Lampides boeticus*)

북그물나비(*Melitaea scotosia*)

푸른큰수리팔랑나비(*Choaspes benjaminii*)

남방노랑나비(*Eurema hecabe*)

매수등줄박각시(*macroglossum bombylans*)

소철꼬리부전나비(*Chilades pandava*)

무늬박이제비나비(*Papilio helenus*)

등붉은뮤탕나비(*Lenyra bujuba*)

유리창잘록나비(*Kricatos madna*)

북방알락팔랑나비(*Scinatae legan*)

연분홍실잠자리(*Ceriagrion nipponicum*)

하나실잠자리(*Sympetrum speciosum*)

대륙줄잠자리(*Sympetrum striolatum*)

남색송장벌레(*Silpha perforata*)

한나무하늘소(*Batocera lineolata*)

참풀뿌리잎벌레(*Chrysolina virgata*)

딸색꽃무지(*Cetonia pilifera*)

왕벌(*Vespa similiina xantoptera*)

어리파포꽃등에(*Volucella pellucens*)

근접방패금파리(*Chrysomya pinguis*)

균류(5종)

송이(*Tricholoma caligatum*)

능이(*Sarcodon aspratus*)

빨나무애첫(*Flammulina velutipes*)

곤갈메끗(*Macrolepiota procera*)

한입버섯(*Istnopsis leconas*)

출처 : 환경부

133

생태 개념 수첩

기후로 인해 여러 생물이 생존의 위협을 받고 있다. 기후변화지표종이란, 이상기후가 지속되면 멸종될 가능성이 높은 기후변화민감생물과 기후변화로 인해 서식지가 눈에 띄게 변한 생물 등을 가리킨다.

북방산개구리와 구상나무와 설앵초 등은 기후변화민감생물에 속하고, 후박나무, 쇠백로, 남방노랑나비 등은 점점 서식지가 북쪽으로 확대되는 대표적 남방계 생물이다. 이들을 포함해 국립생물자원관에서는 2010년 우리나라 기후변화지표종 100종을 선정했다>133쪽 참조.

그들도
살아갈 뿐이다

몇 년 전, '황소개구리 잡기 행사'를 다룬 프로그램을 본 적이 있다. 이 행사 관계자는 인터뷰에서 황소개구리는 우리나라 생태계를 어지럽히는 외래종이므로 가능한 개체수를 줄여야 한다며, 이를 널리 알리고자 시민들이 참여하는 행사를 기획했다고 했다. 화면에는 어른 아이 할 것 없이 많은 사람이 모여 '신나게' 황소개구리를 잡는 모습이 보였다. 그리고 이어지는 한 어린이와의 인터뷰. "황소개구리 잡으니 기분이 어때요?" "좋아요." 아이는 영문도 모르고 사람 손에 잡혀 죽어 갈 황소개구리를 보며 아주 해맑게 웃고 있었다.

바람 따라 사람 따라
'외국'에서 왔어요

그 방송을 보면서 어릴 때 보던 만화영화들이 떠올랐다. 주인공은 늘 '우리 지구'를 괴롭히는 '외계인(혹은 악마)'을 무찔렀다. 나와 친구들은 그 모습에 환호했고. 황소개구리도 마찬가지였겠지. 우리와는 다른

135

황소개구리

저편에서 왔고, 우리 생태계에 악영향을 미치니 당연히 죽어 마땅했겠지. 그런데 가만, 황소개구리는 왜 우리 땅에 왔을까? 만화영화 속 '나쁜 놈들'처럼 이 땅을 정복하기 위해? 그 이유를 알려면 황소개구리의 정체성(?)인 외래종이 정확히 어떤 생물을 가리키는지부터 아는 것이 순서겠다.

외래종이란, 자연적으로 혹은 사람의 손에 의해 다른 나라에서 들어온 뒤, 현지에서 번식해 살아가는 경쟁력 있는 생물을 말한다. 자연적으로 들어온 생물은 주로 토끼풀, 달맞이꽃과 같은 식물이다. 국경과는 상관없이 자유로이 움직이는 바람이나 해류, 철새 등에 의해 도입되었을 가능성이 높다. 사람이 들여오는 생물은 식용, 양식용, 관상용, 생물방제용, 사방공사용 등의 이유로 도입된다.

즉, 바람이나 파도를 타고 들어온 생물을 제외한 대부분의 외래종은 모두 사람의 필요에 의해 도입된 종이라는 것을 알 수 있다. 그리고 이들은 '도입 이유'에 걸맞게 우리 땅에서 식품, 의약품, 의류, 공사 자재로 제 역할을 톡톡히 해냈다. 예를 들면, 뉴트리아는 고기와 모피로, 큰입배스와 파랑볼우럭은 댐의 담수어류로, 붉은귀거북 종류는 애완용으로, 돼지풀은 약재, 사료로, 물참새피는 사료, 사방공사자재로 쓰였다.

황소개구리가
죽어야 한 까닭

이제 황소개구리가 이 땅에 온 이유를 알겠다. 황소개구리는 우리나라에 '먹히기' 위해 들어왔다. 조금 더 엄밀하게 말하면, 황소개구리가 제 발로 우리 땅에 온 것 아니라 1971년 우리나라에서 식용 목적으로 도입해, 대량 사육시키면서 널리 퍼진 것이다. 비단 황소개구리뿐만 아니다. 외래종 대부분이, 그들의 의지와는 상관없이 사람들의 목적에 의해 이 땅에 들어와 살고 있다.

그런 그들이 어쩌다 지금은 '생태계교란생물'로 낙인 찍혀 공공의 적 취급을 받는 것일까? 바로 그들의 '경쟁력' 때문이다. 생물다양성 협약에 따르면, 외래종이 생태계교란생물(침입종이라고도 부른다)이 되려면 새로운 땅에서 생존하고 번성해야 한다. 먹이나 삶터를 차지하는 비율이 토착종을 능가해야 하며, 압도적인 종수로 주변 생태계를 어지럽혀야 한다. 생물이 살아가는 데 가장 중요한 것은 생존과 번식이라는 데는 이견이 없을 것이다. 그런 측면에서 보면 생태계교란생물은 꽤나 능력자지만, 결국 그 능력 때문에 화를 입었다는 말이 된다.

여기서 다시 궁금해진다. 왜 그들의 생존과 번식만 유독 문제가 되는 것일까? 먹이그물 관점에서 보면 먹고 먹히는 관계는 지극히 자연스러운 것 아닌가? 허나 그게 아닌 모양이다. 생태계교란생물의 압도적 능력은 생태계를 부자연스럽게 만든다고 한다.

외래종이 들어와도 그 지역에 그들을 위협할 만한 천적이 있으면 문제가 없겠지만, 그렇지 않은 경우라면 상황이 심각해진다. 외래종의

생태개념 수첩

수가 급증하는 반면, 토착종*의 수는 크게 줄어들기 때문이다. 이는 곧 생물다양성 파괴로 이어진다. 생물다양성협약에서는 이러한 이유로 생태계교란생물을 서식지 파괴, 생물 남획, 환경오염, 기후변화와 더불어 생물다양성을 위협하는 요인으로 꼽았다.

환경부 지정 생태계교란생물

포유류	뉴트리아
양서류	황소개구리
파충류	붉은귀거북속 전종
어류	큰입배스, 파랑볼우럭
곤충	꽃매미
식물	돼지풀
	단풍잎돼지풀
	서양등골나물
	털물참새피
	물참새피
	도깨비가지
	애기수영
	가시박
	서양금혼초
	미국쑥부쟁이
	양미역취
	가시상추

꽃매미

미국쑥부쟁이

※2012년 기준

*
토착종 고유종, 특산종이라고도 한다. 외래생물과는 달리 한 지역에서 자연적으로 발생해 그곳에서만 자라는 동식물을 뜻한다. 오랫동안 동일한 환경조건에서만 살아 변화에 대응하는 능력이 취약하다. 그러므로 기후변화에 민감하며, 외래종과의 생존 경쟁에서도 밀려날 확률이 높다. 멸종위기종과 더불어 국가적으로 관리를 하는 것도 이러한 이유에서다.

외래종을 바라보는
또 다른 시선

세상에나! 환경변화, 남획, 기후변화 등과 동급이라니! 만화영화 식으로 표현하자면, 외래종은 정말 '나쁜 놈'이 맞는 거 아닌가. 하지만 우리나라에 사는 외래종은 대략 동물 820종, 식물 309종으로 알려지는 반면, 생태계교란생물은 동물 6종, 식물 12종이다. 그러니까 '외래종=생태계교란생물'이란 식은 성립하지 않는다. 앞서 살폈듯이, 외래종의 도입 경위를 보면 덮어 놓고 '생태계교란생물=나쁜 생물'이란 식도 성립할 수는 없는 것 같다. 그들은 제 의지로 이 땅에 온 것도 아니고, 악감정을 가지고 번식하는 것도 아니고, 본능적으로 살았을 뿐인 그들을 탓할 수는 없지 않은가.

그리고 외래종이 생태계교란생물로 변하는 데는 난개발과 남획 등으로 인해 자연환경이 훼손된 탓도 크다. 아직 사람의 손길이 미치지 않아 잘 보존된 숲이나 산에서는 외래종이 쉽게 터를 잡지 못한다고 한다. 생태계가 건강하니 그들에게 위협이 될 만한 경쟁자나 포식자도 많을 것이기 때문. 반면, 사람 사회와 가까운 환경은 생태계가 병들어 있어 생존력 강한 외래종이 번식하기가 훨씬 수월하다. 외래종 입장에서 보면, 그저 살기 좋은 곳에 자연스레 터를 잡은 것에 불과할 것이다. 이런 조건에서 어떤 생물이 번성하지 않을 수 있을까?

물론 생태계를 교란하고, 생물다양성을 위협한다는 점에서 외래종의 개체수를 줄이고자 관리하는 것은 중요한 일이다. 다만, 그 과정에서 특정 생물에 대한 그릇된 인식이나 생명을 경시하는 풍토가 만들어지는 것은 올바르지 못하다. 글머리에서 언급한 황소개구리 포획이 그 대표적인 예다.

생물다양성과 생태계 보호도 중요하지만, 한 생물의 생명 또한 그 못지않게 중요하다. 지역 생태계에 좋지 않은 영향을 미치므로 개체수 조절이 필요하다 할지라도, 생명에 대한 최소한의 예의는 갖춰야 할 것이다. 게다가 그들은 사람에게 이용될 대로 이용된 뒤에 버려진 생물이지 않은가. 그러니 적어도 죽어 가는 황소개구리를 보고 아이가 해맑게 웃으며 '좋다.'고 말할 수 있는, 그런 이벤트성 행사는 다시 없어야 할 것 같다.

지구에 사는
모든 생명의 풍요로움

지난 2010년은 국제연합이 정한 생물다양성의 해였다. 그리고 매년 5월 22일은 역시 국제연합이 지정한 생물다양성의 날이다. 이날은 세계 각국에서 생명다양성의 소중함을 다시금 인식하기 위한 다양한 행사가 열린다. 기념일로 지정될 만큼 생물다양성은 이제 인류가 지구에서 생존하기 위해서 잊어서는 안 될 중요한 개념이 되었다.

생물다양성이 뭐지?

지난 2014년 9월, 생물다양성협약 총회가 강원도 평창에서 열렸다. 193개국 정부대표와 국제기구, 비정부 국제조직 등이 참가하는 대규모 국제회의인 이 총회에서는 1992년 채택된 유엔생물다양성협약의 내용을 바탕으로 생물다양성에 관한 국제적 논의가 이루어졌다.

생물다양성Biodiversity이라는 표현은 처음에 자연의 다양성Natural Diversity, 생물적 다양성Biological Diversity으로 쓰이다가 1986년 미국의 생물학자 E. O. 윌슨Edward Osborne Wilson이 '생물적 다양성'을 짤막하게 줄여 책 제목으로 쓰면서 널리 퍼진 것이다. 그렇다면 생물다양성은 무엇을 뜻하는 것일까?

유엔생물다양성협약 제2조에 따르면 "육상·해상 및 그 밖의 수중 생태계와 이들 생태계가 부분을 이루는 복합생태계 등 모든 분야의 생물체간 변이성을 말한다. 이는 종내의 다양성, 종간의 다양성 및 생태계의 다양성을 포함하는 것"이다. 또 세계자연보호재단은 "수백 만여 종의 동식물, 미생물, 그들이 담고 있는 유전자, 그리고 그들의 환경을 구성하는 복잡하고 다양한 생태계 등 지구상에 살아있는 모든 생명의 풍요로움이다."라고 정의했다.

생물다양성은 크게 종 다양성, 유전자 다양성, 생태계 다양성으로 구분된다. 종 다양성은 지구의 각 지역에 존재하는 종의 다양성 정도를 뜻하는 것으로, 분류학적 다양성을 가리킨다. 이는 진화의 계통이나 지역 환경의 특성에 따라 달라진다. 그리고 형태학적으로 동일한 종일지라도 유전적으로는 다를 수가 있는데, 이처럼 같은 종 사이에서 나타나는 유전적 변이를 유전자 다양성이라고 한다. 생태계 다양성은 일반적으로 서식지(생태계)의 특성을 가리키지만, 한 서식지에 사는 모든 생물과 무생물의 상호작용에 관한 다양성을 뜻하기도 한다.

최근에는 여기에 분자 다양성을 포함하자는 이야기도 나온다. 생물다양성을 종, 유전자, 생태계로만 나누는 것은 실제로 개념을 정리하

거나 적용하는 데 부족한 부분이 많기 때문이란다. 유전자는 차치하고 서라도 종과 생태계는 그 개념 자체가 모호하므로, 그다지 실질적인 구분법이 될 수 없다는 주장이다.

모든 생명이 풍요롭게 살기 위하여

세계생물다양성정보기구GIF에 따르면 지구에 사는 생물종 수는 약 145만 종이다. 이 중에서 세계자연보전연맹IUCN 적색목록에 등재된 생물은 4만 7,677종이다. 이처럼 매년 어마어마한 수의 생물이 멸종위기에 처하며, 그에 못지않게 많은 생물이 지구에서 사라지고 있다. 원인은 기후변화와 무분별한 개발로 말미암은 서식지 파괴, 환경오염, 남획, 그리고 최근 2세기에 걸쳐 일어난 폭발적 인구 증가 등이다. 앞으로도 지금과 같은 인간 중심의 생활방식, 환경파괴가 개선되지 않는다면 2030년경에는 현존하는 동식물의 20퍼센트가 사라지거나 조기 절멸할 수 있다는 주장도 나온다.

이러한 까닭으로 1987년 국제자연보존연맹ICUN은 생물다양성 보전을 위한 국제협약이 필요하다고 건의했다. 이후 약 5년에 걸쳐 관련 국제법을 비롯해 사회·경제적 요인, 자연 자원의 지속가능한 이용, 여기서 발생하는 이익의 공정한 분배 문제 등에 관한 토의가 이루어졌다. 그리고 1992년 6월 브라질 리오데자네이루에서 열리고, 159개국이 참가한 유엔환경개발회의UNCED에서 유엔생물다양성협약이 채택되었다.

한편, 이 협약이 채택된 배경에는 생물다양성을 보전하자는 환경적 이유 외에도 개발도상국이 자연자원에 관한 자국의 주권을 주장하면서 제기된 이익 분배 문제도 영향을 미쳤다. 개도국은 이전까지 선진국이 허가 없이 자국의 자연자산*을 채취하고, 이를 이용해 발생한 이익을 공정하게 배분하지 않았다는 것을 문제 삼았다.

국제자연보존연맹에 따르면 지구의 생물종 중 약 80퍼센트가 열대우림에 사는데, 그 열대우림 대부분이 개발도상국에 속한다. 선진국과 달리 개도국은 근래 경제개발에 박차를 가하고 있어, 필연적으로 열대우림은 파괴될 수밖에 없다. 그래서 생물다양성협약에는 "자원 이용 시 발생되는 이익의 공정한 공유(제8조)", "자원에 대한 접근을 결정하는 권한은 해당국가 정부의 관할(제15조)", "개도국 자원을 이용할 시 선진국은 합의된 만큼의 비용을 충당(제20조)" 등과 같은 내용이 상당 부분을 차지한다. 열대우림의 생물다양성이 계속해서 파괴된다면 개도국뿐만 아니라 전 세계의 생태계 균형이 무너질 수 있기 때문이다. 이는 인류의 생존 자체가 위협받을 수 있다는 이야기이기도 하다.

지난 2010년 캐나다 몬트리올에서 '발전을 위한 생물·문화다양성'이라는 주제로 생물다양성협약 국제학술대회가 열렸다. 이제 생물다양성은 환경·생태적 범위를 뛰어 넘어 문화·사회 전반적 개념으로 진

＊

자연자산 Natural Capital　자연환경보전법에 정의된 "인간의 생활이나 경제 활동에 이용될 수 있는 다양한 가치를 가진 자연 상태의 모든 것(생물, 무생물)"을 뜻한다.
즉 각국의 자연에서 지속적으로 얻을 수 있는 자원을 가리킨다.

생태개념 수첩

화하고 있다. 생물다양성은 지구 생태계의 건강성과 안정성을 평가하는 지표 중 하나다. 그러므로 지구에서 인류가 모든 생명과 평화롭고, 풍요롭게 살기 위해서는 생물다양성이라는 개념을 비단 생태 용어로서가 아니라, 일상 속에서 기억해야 할 습관으로 여겨야 할 것이다.

생물다양성과 관련된 국제기구

유엔환경계획
UNEP United Nations Environment Programme

전 세계의 환경문제를 다루고자 유엔이 만든 환경전담 국제기구. 생물다양성협약을 비롯해 여러 전문가 회의를 개최해 생물다양성의 중요성을 알리고, 세계의 환경문제를 조정하고 지휘하는 역할을 한다. 우리나라는 1994년에 가입했다.

생물다양성과학기구
IPBES Intergovernmental Platform on Biodiversity & Ecosystem Services

생물다양성과 생태계서비스*에 대한 과학적 연구를 실시하고, 이 연구 결과를 바탕으로 각국이 관련 정책을 세울 수 있도록 지원하는 국제기구이다. 2012년 공식출범했고, 우리나라를 비롯한 세계 193개국이 참가했다.

*

생태계서비스 Ecosystem Service 자연은 인간에게 필요한 자원과 혜택을 제공하고, 그 덕분에 인간이 생존할 수 있다는 것을 가리키는 개념이다.

기후변화

자연스럽거나
인위적이거나

지구 역사를 되짚어 보면 기후는 항상 변해 왔다. 그런데 20세기 말부터 기후변화라는 말이 화두로 떠오르고 문제시되는 것은 왜일까? 아마 짧은 기간 동안 빠른 속도로 변화가 일어났기 때문일 것이다. 또한 그 변화의 중심에 우리 '인간'이 있다는 것도 빠트릴 수 없는 이유겠다.

올 여름 어느 날의 풍경. 점심 무렵까지만 해도 여느 날처럼 쨍하고 무덥더니만, 갑자기 새파랗던 하늘이 시커멓게 변했다. 그리고는 건물을 뒤흔들기라도 할 듯 엄청난 천둥소리가 지나더니 이내 억수 같은 비가 쏟아졌다. 마치 세상의 끝이 온 것 같았다.

이처럼 날씨는 때때로 하루에도 여러 차례 변한다. 날씨란 맑고, 흐리고, 천둥이 치고, 비가 내리는 것처럼 우리가 일상적으로 경험하는

147

생태개념 수첩

남태평양에 있는 섬 투발루는
지구온난화로 인해 사라질 위기에 처해 있다.

대기의 상태를 말한다. 누구도 이러한 날씨의 변화를 두고 위험하다며 염려하지는 않는다. 그러나 '날씨'라는 말이 '기후'가 되면, 이야기는 달라진다. 왜 그럴까?

기후, 오랜 세월 동안 거듭된 날씨의 평균

세계기상기구_{WMO}에서 정의한 것에 따르면, 기후는 매일 매일 나타나는 날씨의 장기적인 평균값으로, 보통 30년을 주기로 한다. 다시 말해 한 지역에서 나타나는 날씨의 30년 동안의 상태를 기후라고 한다. 기후를 이루는 요소에는 일사량과 일조시간, 기온과 습도, 강수량과 증발량, 기압과 바람 등이 있다. 또 기후는 위도와 해발고도, 지형과 식생, 수륙분포와 해류 등에 영향을 받으므로 지역에 따라 달라진다. 이러한 기후인자에 의해 기후는 크게 열대·건조·아한대·한대 기후로 나뉘고, 이를 기후대라고 한다.

또한 기후는 대기현상이나 기후인자 외에 인위적이고 물리적인 요인에 따라서도 달라진다. 한 지역의 토지가 어떤 방식으로 이용되는지, 무엇으로 덮이는지, 어떤 구조물이 설치되는지, 배기가스가 배출되는지, 그 양은 얼마나 되는지 등에 따라서 특징적인 기후가 형성된다. 대표적인 것이 사람이 밀집한 곳에서 나타나는 도시기후와 열섬현상이다.

현재 기후변화가 '지구의 위기'로 불리게 된 것에는 이러한 도시기

149

후의 발생(혹은 그 발생 배경과 원인)이 큰 영향을 미쳤을 것으로 본다.

변화는 계속되지만, 원인은 다를 수 있다

지구 역사를 살펴보면 기후는 늘 변해 왔다. 그래서 기후란 결코 안정적인 것이 아니라 변화하는 것이라 보며, 현재 나타나는 기후변화 역시 그런 흐름의 차원에서 자연스러운 현상이라고 주장하는 이들도 있다.

그러나 기후변화 연대표에서도 알 수 있듯이, 그간의 변화는 주기가 무척 길다. 인류가 출현하기 이전에는 보통 수천 만 년, 짧다고 해도 수천 년마다 한 번씩 변화가 일어났다. 이에 비해 지금 지구에서 일어나는 기후변화는 주기가 너무 짧고 변화 속도도 빠르다. 자연스러운 변화라고만 낙관하기에는 무리가 있어 보인다.

기후변화협약UNFCCC에서 내린 기후변화의 정의도 "직접적 또는 간접적으로 전체 대기의 성분을 바꾸는 인간 활동에 의한, 그리고 비교할 수 있는 시간동안 관찰된 자연적 기후 변동을 포함한 기후의 변화"로, 현재의 기후변화는 인간의 활동과 결코 무관하지 않다는 것을 보여 준다. 그러므로 기후변화의 요인은 자연적인 요인과 더불어 산업혁명에서부터 시작된 인간의 산업 활동과 같은 인위적인 요인에 의해 나타나는 것으로 봐야 한다.

50억 년 전	행성 지구의 탄생
6억 년 전	마지막으로 '눈덩이 지구' 발생 후, 온난기 시작
4억 년 전	장기적인 냉각의 시작
6,500만 년 전	운석 충돌 이후 단기간의 기후 재해 발생
5,500만 년 전	심해에서 '뿜어져 나온' 메탄으로 인해 또다시 단기간의 재난 발생
5,000만 년 전	공기 중의 온실가스 수준이 감소하기 시작하면서 냉각 지속
2,500만 년 전	남극대륙에서 최초의 현대적 빙상이 형성되기 시작
300만 년 전	규칙적인 빙하기들의 시대에 북극에서 최초의 빙상 형성
10만 년 전	가장 최근의 빙하기 시작
1만 6,000년 전	가장 최근의 빙하기가 점차 후퇴하기 시작
1만 4,500년 전	돌연한 온난화로 인해 해수면이 400년 동안 20미터 상승
1만 2,800만 년 전	북아메리카의 빙하호가 녹으면서 '소한랭기'로 알려진 빙하기의 마지막 '한파'가 촉발되어 1,300년 정도 계속되다가 갑자기 끝남
8,200년 전	수백 년 동안 원인 불명의 갑작스러운 빙하기 상태로 돌아갔다가 따뜻하고 안정된 충적세가 시작됨
8,000년 전	아마도 메탄 클래스페이트 방출로 촉발된 북해의 스토레가 붕괴, 역시 온난기를 강화시킴
5,500년 전	사하라 지역의 갑작스러운 사막화
4,200년 전	중동 지역에 집중된 또 다른 사막화로 인해 문명이 광범위하게 붕괴됨
1,200~900년 전	북반구의 중세 온난기, 남아메리카의 대형 가뭄
700~150년 전	1690년대에 절정에 달한 북반구의 소빙하기

※출처: 프레드 피어스, 『데드라인에 선 기후』, 에코리브르, 2009

지구 곳곳에서 사막화가 일어나고 있다.

기후변화, 어떻게 받아들여야 할까?

인간 활동으로 인해 발생하는 기후변화의 대표적인 예로 지구온난화를 들 수 있다. 지구온난화를 이해하기 위해서는 먼저 온실효과를 알아야 한다. 온실효과란, 대기 중의 수증기, 이산화탄소, 메탄과 같은 온실가스가 태양으로부터 나온 복사에너지를 일부 흡수해서 지구의 지표면을 데우는 것을 말한다. 빛은 받아들이고 열은 내보내지 않는다는 점이 온실과 같아서 온실효과라는 이름이 붙었다. 이 덕분에 우리는 지구에서 따뜻하게 살아갈 수 있다.

이런 온실효과가 지구온난화로 이어지면서 문제가 된 데에는 18세기 중반 영국에서 시작된 산업혁명이 결정적인 영향을 미쳤다. 약 150년 동안 이어진 공업 위주의 산업 확산으로 세계 곳곳에서 엄청난 양의 온실가스가 배출되었고, 이것으로 지구의 온도가 급격히 증가하면서 지구온난화라는 개념이 생겨났다.

일부 기후과학자들 중에는 지구온난화의 주된 원인이 태양 흑점 폭발과 같은 태양의 변화라고 주장하는 이도 있다. 그러나 이에 대해, 과학적 논거가 부족할뿐더러 정치논리가 개입된 주장이라는 목소리가 높다. 예를 들면, 의무적으로 온실가스 배출량을 줄이자는 교토의정서에는 중국과 인도 등 온실가스 배출이 많은 신흥공업국가는 아예 빠져있고, 미국과 러시아처럼 힘센 나라들도 비준을 거부했기 때문이다. 물론, 현재 지구에서 일어나는 모든 기후변화가 지구온난화 때문이라는 주장이나, 기후변화로 인해 당장에 지구 종말이 올 것이라는 의견도 그대로 받아들이기는 어렵다.

그렇다면 우리 삶에 직접적으로 영향을 미칠 것이라는(또는 이미 미치고 있는) 이 변화를 어떻게 받아들여야 할까? 기후변화는 앞서 언급한 것처럼 큰 틀에서 보면 자연스러운 현상일 수 있지만, 이상異常기후라는 것도 부정할 수 없다. 또한 직접적이든 간접적이든 이 변화에 인간이 미친 영향은 분명히 있다.

기나긴 지구의 삶에서 또 한 번의 변화가 일어나는 것을 인간의 힘으로 완전히 멈추게 할 수야 없을 것이다. 그렇다고 해서 마냥 두 손 놓고 바라보거나 지금까지와 같은 방식으로 살아간다면, 그건 지구에 대한 예의가 아니다. 인간이 '만물의 영장', '지구의 주인'이라고 외치며 행세할 수 있었던 것은, 유사 이래로 극심한 기후변화 없이 인간을 품어 준 지구 덕분이니 말이다. 그러니 미약하게나마 변화를 멈출 수 있든 없든, 인간은 자칭 '호모 사피엔스'답게 지혜를 짜내고 행동해야 하지 않을까.

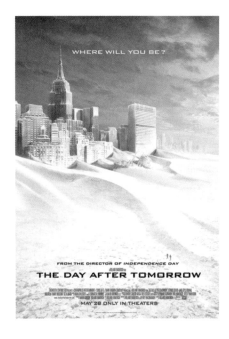

2004년에 개봉한 영화
〈투모로우The Day After Tomorrow〉는
기후변화와 관련한 대표적인 재앙 영화다.
지구온난화로 인해 남극과 북극의 빙하가
녹아 바닷물 수온이 급격히 내려가
해류의 흐름이 바뀌고,
지구에 다시 빙하기가 찾아온다는 내용이다.
섣불리 영화와 같은 대재앙이 일어난다고
보는 것도 바람직하지는 않겠지만,
기후변화를 안일하고 낙관적으로만
받아들이는 것도 문제다.

너,
정말 나쁘니?

지구온난화를 비롯한 기후변화의 심각성이 대두되면서 이산화탄소는 '나쁜 물질'로 둔갑했다. 이산화탄소 이야기만 나오면 덮어 놓고 비난하는 목소리가 높지만, 사실 이산화탄소는 우리가 살아가는 데 없어서는 안 될 중요한 물질이다. 조금만 생각해 보면 알 수 있는 이 사실은, 과도한 배출량과 지구온난화의 주범이라는 낙인에 묻혀 버렸다. 이산화탄소, 꽤 억울하겠다.

3D 영화를 관람할 때 쓰는 안경처럼 탄소 원자를 확인할 수 있는 안경이 있다면, 대기 중에 둥둥 떠다니기도 하고 자그마한 식물체나 덩치 큰 사람의 몸 안팎을 드나들기도 하며, 석탄이나 석유에 똘똘 뭉친 탄소를 볼 수 있을 것이다. 대부분의 식물, 동물, 광물에 깃든 탄소는 생명 유지에 필요한 에너지의 근원이 된다. 지구 생명의 근간을 누비

며 에너지가 되는 탄소의 모습에 비한다면 할리우드 3D 영화의 영상
은 놀랍지도 않을 것이다.

이산화탄소 없이는 못 살아!

이산화탄소(CO_2)는 이처럼 생명의 기본이 되는 원자 탄소(C)가 산소
(O)와 결합하며 생긴 물질로, 공기보다 1.5배 정도 무겁다. 색도, 냄새
도 없어 눈으로 확인할 수는 없지만, 아주 오래 전부터 광물과 결합하
고, 생물 몸속에 쌓이고, 식물의 광합성에 작용하며 지구 모습의 변화
에 결정적인 영향을 미쳤다. 이런 이산화탄소의 행보 중 특히 주목할
만한 것이 광합성이다.

흔히 광합성에 필요한 것 하면 빛을 떠올리기 쉬운데, 광합성이 일
어나려면 빛뿐만 아니라 물과 이산화탄소가 반드시 있어야 한다. 광합
성은 잎의 엽록체에서 양분을 만드는 과정으로, 엽록체에서 빛을 거두
고, 땅속으로 난 뿌리가 물을 빨아들이고, 잎이 대기 중에 있던 이산화
탄소를 흡수하면서 포도당과 산소를 만든다. 이렇게 생성된 양분으로
식물이 살아가며 이는 당연히 동물의 생존으로 이어진다.

이산화탄소가 영향을 미친 것은 뭍생물만이 아니다. 바다, 강, 호수
등 물에 사는 생물들도 이산화탄소를 만나면서 다양한 변화를 겪는데,
그중 하나가 생물학적 광물 생성 작용Biomineralization이다. 이는 생물의 골
격이나 내부 조직에 광물이 형성되는 작용을 말한다. 이산화탄소와 반

응한 물생물의 석회에서 껍질과
외골격, 내골격이 생기며 조개,
달팽이, 산호 등과 같은 석회
질 생물이 탄생했다. 이처럼
이산화탄소는 물, 햇빛과 함께
생물이 생존하는 데 없어서는 안 될 물질일뿐
더러 생물다양성에도 중요한 역할을 해 왔다.

　현재 대기 중 이산화탄소의 농도가 약 380피피엠
(0.038퍼센트)밖에 되지 않는다고 해서 그 영향력(지구 생태계에 미치는 긍정적인
영향력)이 미비할 것이라 여기는 것은 대단한 착오다. 앞서 살펴본 것처
럼 이산화탄소는 지구상 대부분 생물에 깃들어 있다. 한 예로 근래 중
요성이 재조명되고 있는 나무와 숲을 떠올려 보자. 나무가 생존하려면
광합성 작용을 해야 하는데, 이산화탄소가 없으면 광합성 자체가 이루
어지지 않는다. 이산화탄소가 없으면 나무도 없고, 기대 식물군인 나
무가 없다면 과연 어떤 생물이 살아갈 수 있을까? 지구 생태계에 기여
하는 바 없이 다른 생물의 생존 활동에만 기대 사는 사람은 더 말할 나
위도 없다.

이산화탄소가 없다면

숲도 존재할 수 없다.

마녀사냥의 희생자,
이산화탄소

그러나 20세기 말부터 이산화탄소는 지구온난화의 주범으로 지목되면서 '나쁜 물질'이라는 오명을 뒤집어쓰게 된다. 지구온난화를 일으키는 온실가스의 성분 중에 이산화탄소도 포함되기 때문이다. 이런 이유를 들어 사회 곳곳에서는 이산화탄소를 마치 백해무익한 물질 취급하며 배출량을 줄여야 한다는 바람이 거세다. 물론 지구 환경을 위해 이산화탄소 배출량을 감소해야 하는 것은 맞지만, 무턱대고 이산화탄소라는 물질과 이산화탄소 '배출량'을 동일시하며 비난하는 것은 옳지 않다. 위에 언급한 것처럼 이산화탄소는 지구 생명을 유지하는 근원 물질이기 때문이다.

우리가 잊었던 혹은 의도적으로 도외시했던 지구온난화의 주범은 이산화탄소가 아니라 인간의 활동에 의해 대량으로 일어난 이산화탄소 '배출'이다. 사실 자연 상태에서의 이산화탄소는 배출되어 대기 중에 둥둥 떠다니는 것이 아니라, 대부분 동물, 식물, 광물 안에 '깃드는' 것이다. (물론 동·식물이 호흡하는 과정에서도 이산화탄소는 배출되며, 일부는 대기 속을 부유하기도 한다. 하지만 이는 지극히 적은 양으로, 지구온난화에 영향을 미친다고 볼 수 없다.) 그러므로 배출량을 줄이자는 말 자체가 인위적 결과를 인정하는 꼴이지만, 사람들은 이 부분은 완전히 간과한 채 온난화의 책임을 애꿎은 이산화탄소에게만 떠넘기고 있다.

처음 이산화탄소가 '배출'된 곳은 300여 년 전, 서구 열강이 아프리카, 남미 등지에서 시작한 농장식 농업의 현장이다. 대규모 농업은 식량이 아닌 자본이 목적이기 때문에 빠른 시일 내에 많은 수확량을 확보해야 한다. 그러므로 생물다양성이나 토양 환경은 고려하지 않은 채 단일작물을 대량으로 재배하거나 경작지에 화학비료, 살충제 등을 뿌리는 일이 많아졌다. 그 결과, 땅은 점점 황폐해지며 부식질이 늘어났고, 자연히 이를 분해하기 위한 미생물의 호흡 활동도 증가하면서 이산화탄소가 대량으로 배출되기 시작했다.

　대기 중 이산화탄소의 양이 늘어나면 그만큼 식물이 광합성을 많이 하면 되지 않을까? 그러나 불행하게도 300년 가까이 지속된 농장식 농업으로 배출되는 이산화탄소의 양이 너무 많아져 정상적인 광합성 작용 속도가 이를 따라잡지 못하는 수준에 이르렀다. 또한 세계 각지에서 행해지는 벌목과 화전농업, 도시화로 인해 광합성을 해야 하는 식물의 수가 준 것도 이산화탄소의 균형을 잃게 하는 데 한몫했다.

　시작은 대규모 농업이었지만, 이산화탄소 대량 방출에 방점을 찍은 것은 18세기 중반, 영국에서 시작돼 지구촌을 휩쓴 산업화 열풍이다. 오랜 세월, 지하자원(석유, 석탄 등)으로 잠들어 있던 막대한 양의 탄소가 산업사회라는 거대한 생명체의 에너지원으로 연소되며 급작스럽게 물과 이산화탄소로 변했다. 이 시기를 거치면서 이산화탄소 배출량은 이전에 비해 껑충 뛰었는데, 산업혁명이 일어나기 전인 17세기에는 200피피엠을 넘지 않았던 이산화탄소 농도가 지금은 380피피엠에 이른다. 200년 남짓한 기간 동안 두 배 가까이 늘어난 셈이다.

　주로 이산화탄소를 배출하는 산업은 철강 산업이나 시멘트 산업처럼 비일상적이고 규모가 큰 분야를 떠올리지만, 유리나 종이, 커피처

161

럼 일상적인 상품을 만드는 데도 이산화탄소는 끊임없이 배출된다. 비단 일상제품뿐 아니라 사람이 현대 사회를 살아가는 데 없어서는 안 될 생활 수단인 전기, 난방, 자동차 등도 이산화탄소 배출을 거든다.

이산화탄소가 배출되는 곳은 사람이 사는 곳, 이산화탄소가 배출되는 때는 사람이 살아갈 때다. 즉, 이산화탄소를 '배출'하는 주범은 이산화탄소가 아니라 사람이다. 자신들이 필요해서 냉큼 가져가 펑펑 쓸 때는 언제고 그로 인해 발생하는 지구온난화는 이산화탄소 탓으로 돌리니, 이산화탄소 입장에서는 이보다 심한 배은망덕이 또 없겠다.

탄소발자국 Carbon Footprint

탄소발자국이란, 난방 연료, 운송 수단, 음식, 옷 등 우리가 일상 속에서 사용하는 모든 것이 생기고 사라지는 과정에서 직·간접적으로 배출되는 이산화탄소의 양을 뜻한다. 이는 사람의 활동으로 얼마큼의 이산화탄소가 배출되는지를 수치로 나타내기 위한 개념이다.

탄소발자국을 계산하는 방법은 대략 두 가지다. 첫 번째는 제품이 만들어지는 모든 과정을 분석해서 값을 가늠하는 것이다. 이 방법으로 계산하려면 제품 공정 과정을 완벽하게 알아야 하며, 어디까지를 과정으로 볼 것인지에 대한 기준도 명확해야 한다.

두 번째 방법은 국민소득과 같은 국민경제통계 자료를 활용하는 계산법이다. 이런 데이터를 토대로 제품이 만들어지는 데 드는 에너지 비용을 산출하고, 그 값을 바탕으로 배출된 이산화탄소 양을 추정하는 방법이다.

자신의 탄소발자국은 얼마나 되는지 궁금하다면, 비산업 분야의 온실가스를 줄이고자 만들어진 '그린스타트'의 누리집(www.greenstart.kr)을 통해 계산해 볼 수 있다.

그대는
나의 태양이어라

에너지는 세상 곳곳에서 여러 형태로 존재하며 움직이는 모든 것의 밑거름이 된다. 특히 자연계에서 에너지란 곧 태양을 의미하는데, 지구 생물이 살아가는 데 필요한 모든 것이 태양으로부터 비롯되기 때문이다. 사람 사회에서 에너지라는 개념은 더욱 다변적이고, 종류도 다양하지만, 문명을 유지하는 데 없어서는 안 될 근본이라는 점, 그 뿌리는 태양이라는 점에서는 다를 바가 없다.

에너지Energy라는 말은 고대 그리스의 철학자 아리스토텔레스가 만든 '에네르게이아'라는 말에서 유래한다. 내부란 뜻과 일이란 뜻을 합한 이 단어는 "운동을 통해서 확인할 수 있는 실재"라는 의미다. 아리스토텔레스는 "모든 물체의 존재는 그 물체의 기능과 관련이 있는 에네르게이아에 의해 유지된다."고 말했다. 이 어원을 토대로 에너지는 움직이는 모든 것의 실재이자, 동작과 활동, 일, 변화의 뜻도 포함하는 다변적 개념으로 변했다.

예를 들어 물리학에서는 "물체가 작용한 힘의 크기와 작용한 힘의 방향으로 물체가 이동한 거리의 곱"인 '일(J)'을 에너지로 본다(일=힘×이동거리). 대표적으로 위치에너지, 운동에너지, 빛(전자기)에너지, 열에너지, 화학에너지 등과 같은 형태로 존재하며, 동시에 여러 방법을 통해 다른 형태의 에너지로 바뀌기도 한다. 그렇다면 자연계에서는 어떨까?

에너지,
태양이 지구에 주는 선물

봄이다. 겨우내 얼었던 땅이 녹아 보드라워진 흙을 밀며 새싹이 틀 것이다. 천적의 눈에 띄지 않도록 골골샅샅 숨어 겨울을 나던 곤충도 서서히 밖으로 나올 것이며, 겨울잠을 자던 동물도 긴긴 잠에서 깨어날 것이다. 여기저기서 생명의 찬가가 들려올 것이며, 세상은 누군가가 연둣빛 물감을 들이부은 것처럼 푸릇푸릇해질 것이다.

생각만 해도 온 몸에 물이 차오르는 것처럼 싱그러운 이 생명감은 어디서 오는 것일까? 새싹이 흙을 밀고 나오는 힘, 바깥세상으로 나오는 곤충의 몸짓, 겨울잠을 자면서도 살 수 있는 동물의 생존력은 모두 태양으로부터 비롯된 것이다. 비단 이들 뿐 아니다. 지구에 사는 생물이 생존을 위해 쓰는 에너지는 거의 고스란히 태양이 준 선물이다. 물론 온갖 생물이 직접적으로 태양에게 혜택을 받는 것은 아니므로, 태양이 에너지의 연원이라는 것이 잘 이해되지 않을 수 있다. 그러나 식물의 광합성 작용과 생태계의 먹이그물을 살펴보면, 태양 없이는 어떤 생물도 살 수 없다는 것을 쉽게 알 수 있다.

태양에너지를 구성하는 열과 빛은 핵융합(수소의 원자핵이 충돌해 헬륨으로 바뀌는 과정)의 결과물이다. 태양이 1초 동안 만드는 에너지의 양은 $3.98 \times 1026J$(어느 정도 양인지 가늠도 되지 않지만, 아무튼 어마어마한 양)로, 이 중 지구에 닿는 양은 전체 에너지의 약 20억분의 1이라고 한다. 태양 입장에서 보면 극히 적은 양이지만, 지구 생명들을 먹여 살리는 데는 전혀 부족함이 없다. 태양의 선물이 지구에 도착하면 그걸 직접 받는 이는 식물이다. 식물은 생물 중 유일하게 이 선물을 생존에 필요한 화학에너지로 바꿀 수 있는 독립영양생물이자 생산자다. 식물이 태양에너지를 화학에너지로 바꾸는 과정을 광합성이라고 한다.

식물은 잎의 세포 안에 있는 엽록체를 통해 태양의 빛에너지를 흡수하고, 뿌리로부터 물, 잎의 기공으로부터 이산화탄소를 거두어 생명 활동에 필요한 포도당과 산소를 만들어 낸다. 식물이 광합성을 하는 데 태양으로부터 받는 것은 빛에너지라고만 생각할 수 있지만, 아니다. 식물이 뿌리에서 빨아들인 물도 근본적으로는 태양의 영향을 받는다. 태양복사에너지가 바다를 데우고 물을 증발시켜 지

구 곳곳에 강수·유출의 형태로 물을 나누어주면서 식물의 광합성에
도움을 주기 때문이다.

이렇게 생성된 영양분(화학에너지)은 물질 순환과
에너지 전달 관계인 먹이그물을 따라 돌고 돈
다. 생산자인 식물을 1차 소비자인 초식동물
이 먹고, 이들을 2차 소비자인 덩치가 작은
육식동물이 먹고, 최종적으로
3차 소비자가 작은 육식동물을 잡아먹는다.
1·2·3차 소비자와 유기물을 섭취·분해해
무기질로 되돌리는 분해자는 식물에 의존해
사는 종속영양생물이다. 하지만 큰 틀에서 보면, 앞서 살펴본
것처럼 지구 목숨붙이는 모두 태양에 의존해 살아가는 '종속태양생
물'이라 하겠다.

그대 있음에
내가 있네

당연히 사람도 예외일 수 없다. 사람이 사회를 구성하고 문명을 이룩하는 데 태양에너지가 미친 영향은 절대적이다. 먼저, 문명의 첫 씨앗이라고 할 수 있는 불부터가 그러하다. 그리스 신화에는 프로메테우스가 인간에게 불(문명)을 가져다주었다고 나오는데, 신화 속 프로메테우스는 사실 태양이다. 불은 태양에너지가 농축된 바이오매스(식물, 가축의 분뇨 등)가 광합성을 통해 생성된 산소를 만나야만 발생하기 때문이다.

또한, 사람이 마음대로 자연환경을 이용할 수 있다고 생각하며 산업·과학 사회를 발전시킬수록 아이러니하게도 인간 사회의 태양(자연)에너지 의존도는 높아졌다. 산업화 시대는 물론이거니와 최첨단 과학 시대인 지금도 마찬가지다. 대표적인 것이 전기다. 만약 전력이 끊긴다면, 우리 일상은 단 5분도 평상시대로 유지될 수 없을 것이다.

흔히 전기는 사람이 만든 에너지라고 여기기 쉽지만, 그렇지 않다. 전기는 화력, 수력, 원자력, 풍력, 지력 등 여러 형태의 에너지원을 전기에너지로 전환시켜 만드는 것이다. 물론 에너지의 형태를 바꿔 전기로 만드는 것은 사람의 기술이지만, 전기로 변환시킬 에너지원이 없다면 이는 애초에 불가능한 일이다. 이 에너지원들 역시 태양에너지가 집약·축적돼 만들어진 화석연료를 비롯해 대부분이 직·간접적으로 태양의 영향을 받는다.

전기만이 아니다. 현재 우리가 사용하는 전체 에너지의 공급량을 살펴보면, 화석연료가 80퍼센트, 바이오매스와 수력·원자력이 각각 약

우리가 누리는 모든 것은

태양으로부터 얻는 것이라 해도 과언이 아니다.

10퍼센트씩을 차지한다. 다시 말해, 전체 에너지의 약 90퍼센트가 태양과 직접적으로 연관이 있다.

그러나 20세기 말부터, 가장 효율이 높은 에너지원인 화석연료의 문제점(심각한 고갈 위기, 환경오염의 원인 등)이 대두되면서 사람들은 이를 대체할 만한 새로운 에너지를 찾기 시작했는데, 재밌게도 그중 가장 주목받는 것이 태양에너지다. 햇빛만 잘 활용해도 지구인 모두가 사용할 수 있는 양의 전기를 생산할 수 있기 때문이라고 한다.

적용 기술만 뒷받침된다면, 태양에너지만큼 친환경적이고 지속 가능한 재생에너지*는 또 없을 것이다. 그런데 어찌 보면 이는 매우 당연한 결론이다. 몇 번을 반복한 것처럼 애초에 모든 에너지는 태양에서 온 것이니 말이다.

＊
재생에너지 이산화탄소를 배출하지 않아 환경 친화적이고 고갈 염려 없이 사용할 수 있는 지속가능한 에너지를 뜻한다. 태양에너지를 포함해 바람을 이용해 에너지를 얻는 풍력에너지, 땅에서 나오는 열을 이용하는 지력에너지, 파도의 힘과 조수간만의 차를 이용하는 파력·조력에너지, 식물이나 생물의 부산물을 에너지원으로 삼는 바이오에너지(바이오매스) 등이 있다. 더 이상 화석연료에만 의존할 수 없는 현재 상황에서 재생에너지는 꼭 필요한 대안이지만, 아직까지는 기술적인 미흡함, 낮은 에너지 효율성, 발전소 설치와 관련한 환경·사회 문제 등 풀어야 할 숙제도 많다.

생물을 이해하는
두 가지 시선 1

사람을 호모 사피엔스*Homo Sapiens*라고 한다. 이것은 동물의 한 종인 사람을 가리키는 학명
*學名*이다. 학명은 학문적 편의를 위해 세계 공통으로 쓰이는 생물의 이름이다. 호모 사피
엔스는 동물계> 척색동물문> 척추동물아문> 포유강> 영장목> 사람과> 사람속> 사
람종에 속한다. 이렇게 한 생물에 고유한 이름을 붙이고, 계통별로 무리를 나눠 그 생물
이 어디에 속하는지 밝히는 학문이 분류학이다.

아리스토텔레스,
생물에 등급을 매기다

어떤 모임에 가서 새로운 사람을 만났다고 생각해 보자. 가장 먼저
뭐라고 하면서 말을 붙일까? 아마도 "이름이 뭐예요?"라고 할 것이다.
그리고 이어서는 "어디 사세요?"라고 질문하겠지. 한 사람을 알려면

일단 기초 정보부터 아는 것이 순서니까. 이름도 모르고, 어디에 사는지도 모르면서 그 사람이 무엇을 좋아하는지, 생활 패턴은 어떤지, 어떤 가치관을 가졌는지를 속속들이 알 수는 없을 것이다.

생물을 대할 때도 마찬가지다. 모습은 어떻고, 먹이는 무엇을 먹으며, 알은 언제 낳는지 등은 알아도 정작 이름이나 종류를 모른다면, 그 생물을 안다고 할 수는 없을 것이다. 그래서 분류학은 생물학의 기초이자 필수 학문이라고 하겠다.

분류학에서 가장 유명한 학자는 스웨덴의 식물학자 칼 폰 린네^{Carl von Linné, 1707~1778년}지만, 그가 분류학을 창시한 것은 아니다. 분류학을 처음 시도하고 정리한 사람은 그리스의 철학자 아리스토텔레스라고 한다. 아리스토텔레스^{Aristoteles, BC 384~322년}는 자신의 기준(혹은 당시의 세계관)에 맞춰 모든 생물을 분류했다.

그의 이론에 따르면, 생물은 복잡성의 정도에 따라서 무생물(원소 4가지)과 식물, 동물로 나눌 수 있고, 그에 따라 생물의 위치도 정해진다. 무생물이 가장 아래고 사람이 제일 위에 있는 이 분류법은 층층이 나

뉘진 사다리를 연상시킨다. 또한 아리스토텔레스는 모든 생물은 타고난 그대로 존재한다고 믿었으므로, 어떤 생물도 정해진 사다리 위치에서 이동할 수 없다고 했다.

고대 그리스의 철학자 아리스토텔레스(BC 384~322년)

아리스토텔레스가 생각한 자연의 사다리
(참고: 김홍식, 「세상의 모든 지식」, 서해문집, 2007)

사람
포유류
고래류
파충류와 어류
문어와 오징어류
갑각류
곤충
연체동물
식물
무생물

그러나 아리스토텔레스의 분류법은 그 기준이 너무 인간중심적이다. 복잡성의 정도에 따라 생물의 고하를 나눈다는 것은 모호할 뿐만 아니라 과학적 근거를 찾기도 힘들다. 이 이론은 기독교의 창조론과도 맥을 같이 하는 것으로, 르네상스 이전까지 공고히 이어졌다. 오늘날 학계에서는 더 이상 이 분류법을 쓰지 않지만, 2,000년이 훨씬 지난 지금도 꽤 많은 사람들의 머릿속에는 여전히 '자연의 사다리'가 존재하는 것도 같다.

린네를 만나 꽃핀 분류학

앞서 예를 든 호모 사피엔스*Homo Sapiens*처럼 학명은 라틴어 2개로 이루어진다. 이명법*二名法*이라고 불리는 이 방식은 린네가 도입한 것이다. 앞에 나오는 것은 속명*屬名*이고, 뒤엣것은 종소명*種小名*이다. 이 둘을 합해 학명 혹은 종명이라고 부른다. 사람의 학명을 풀이하자면, 사람 속*Homo*에 속하는 지혜로운 사람*Sapiens* 정도가 될까? 린네는 1753년에 펴낸 『식물의 종*Species Plantarum*』에서 당시 알려진 모든 식물에 학명을 붙였고, 죽기 전까지 동식물 2만여 종에 이명법을 기재했다.

생태개념 수첩

칼 폰 린네(1707~1778년). 스웨덴의 식물학자이자 박물학자이다.
현대 생물 분류학의 기초를 다졌다.

린네는 학명 뿐 아니라, 분류 체계도 정립했다. 바로 오늘날 생물 분류의 뼈대가 되는 계界, 문門, 강綱, 목目, 과科, 속屬, 종種이다. 학교 다닐 때 한번쯤 외웠던 기억이 날 것이다. 이것은 공통조상에서 나온 것으로 추정되는 생물들을 큰 범위(계)에서 작은 범위(종)로 세분화한 것이다. 이러한 방법으로 생물의 유연관계(계통끼리 얼마나 가까운가를 나타내는 관계)를 분석할 수 있다.

'분류학의 아버지'라고 불릴 만큼 생물 분류학에서 린네의 업적은 뛰어나다. 그러나 사상적으로는 따져 보면, 아리스토텔레스의 이론에서 크게 달라진 것이 없다. 근대 이전의 사람들에게 자연은 신이 만든 창조물이었고, 자연을 탐구한다는 것은 신의 뜻을 알아 가는 것이었다. 린네 또한 마찬가지였다. 자연과학자가 할 일은 '자비롭고 전능한' 신이 창조한 자연 속에서 '신의 영광(질서)'을 찾는 것이라 믿었다.

생물을 분류하는 데 제일 중요한 것은 과학적이고 합당한 분류 기준이다. 하지만 이 역시 사람이 하는 일인지라, 시대나 사회·문화적 분위기 혹은 학자 개인의 성향 등 지극히 주관적인 요소에 따라 달라지기 쉽다. 특히나 종교성이 짙었던 18세기 무렵까지는 그러한 경향이 두드러졌다.

분류학,
다윈과 함께 진화하다

생물 분류학에 과학적인 토대와 기준이 마련된 것은 찰스 다윈 Charles Robert Darwin, 1809~1882년의 『종의 기원』이 세상에 나오면서부터다. 이때부터 자연과 생물은 신의 영역을 벗어나 과학의 영역으로 들어섰다.

생물은 신에 의해서가 아니라 진화에 의해 생겨났으며, 진화는 자연선택으로 이루어진다는 사실(물론 DNA 연구가 활발해진 요즘에는, 진화가 자연선택만으로 일어나는 것이 아니라는 주장에 힘이 실린다)이 밝혀지면서, 분류학에서도 객관적으로 생물을 분류할 수 있는 보편적 기준이 정립된 것이다.

다윈은 진화론을 바탕으로 지구에 존재하는 수많은 종은 공통조상에서 분화해 형태의 변화를 거쳐 생긴 것이라는 '변이를 수반한 유전 Descent with Modification' 개념을 내놓았다. 이것을 토대로 발달한 것이 분기학 Cladistics이다. 독일의 곤충분류학자인 빌리 헤닉 Willi Hennig, 1913~1976년이 창시한 분기학은 현재 생물 분류에서 가장 일반적으로 쓰이는 개념이다.

헤닉은 종분화* 과정에서는 반드시 생물의 생김새나 성질이 변하거나 가지를 친다는 것에 주목했다. 파생된 형질의 상태를 분석하면 생물의 계통을 짐작할 수 있으리라 짐작한 것이다. 이렇게 유추해 낸

✱

종분화種分化 다윈은 시간의 흐름에 따라 생물은 그 모습과 성질이 변하며, 이 과정에서 각 생물은 하나에서 여러 종까지 가지 칠 수 있다고 전제했다. 즉, 종이 분화한다는 것이다. 또한, 자연선택이 개별적으로 존재하는 무리 사이에 분화를 부추겨 종분화를 일으킨다고도 했다. 자연선택이란, 생존경쟁에서 이긴 자만이 생존하므로, 생물은 저마다 생존에 유리한 방식으로 변하고, 이러한 변이가 세대를 거듭해 유전된다는 다윈의 이론이다.

계통은 계통수Tree of Life와 비슷한 분기도Cladogram로 나타낼 수 있다.

자연을
분류해 보자

그렇다면 지금 우리가 사는 세상은 어떻게 분류할 수 있을까? 분류학에서 제일 큰 개념인 계界는 몇 개나 될까? 아리스토텔레스의 분류법을 봐도 알 수 있듯이, 아주 오랫동안 세상은 동물계와 식물계로만 분류되었다. 하지만 17세기, 현미경이 발명되면서 단세포 생물의 존재가 세상에 알려졌다. 이후에는 생물 분류에 단세포 생물을 포함한 원생생물계가 추가되었다.

20세기에 접어들면서 과학기술이 더욱 발달해 현미경의 성능이 월등히 좋아져, 세포를 더욱 상세하게 살필 수 있게 되었다. 전자현미경으로 세포를 관찰하면서 생물은 대부분 막으로 둘러싸인 세포핵이 있으나, 그렇지 않은 단세포 생물도 일부 존재한다는 것이 밝혀졌다. 이들은 원핵생물계로 묶였다.

그리고 미국의 식물생태학자 로버트 휘태커Robert Harding Whittaker, 1920~1980년는 1969년, 기존에 식물계에 포함되던 곰팡이 무리를 균계로 따로 분류했다. 곰팡이와 식물은 영양 방식이 다르다는 이유에서였다. 그는 생물의 영양 방식을 분류의 기준으로 꼽았다. 식물은 광합성을 하면서 스스로 양분을 생산하지만, 곰팡이 무리는 효소를 분비해 죽은 생물의 몸이나 배설물 등의 유기질을 분해해 이것을 흡수하면서 영양을 섭취

휘태커의 5계 분류 체계를 바탕으로 간략하게 나타낸 생물 계통수이다.
생물 계통수란, 지구 생물의 진화(분화) 과정을 나무로 표현한 것이다.

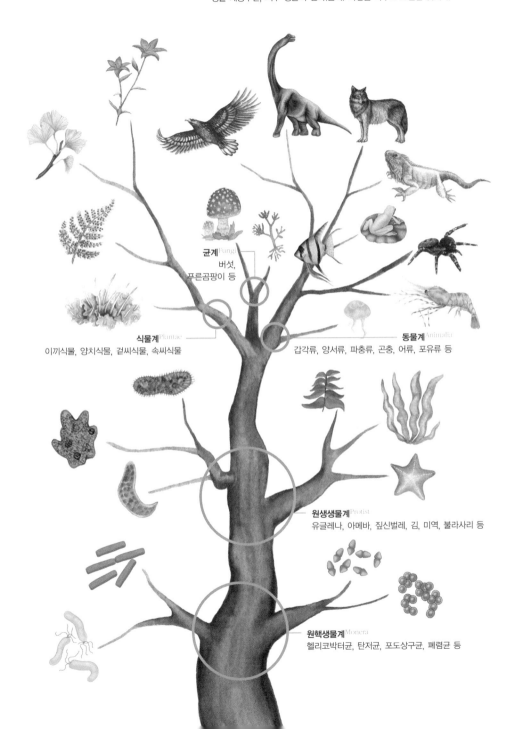

균계 Fungi
버섯,
푸른곰팡이 등

식물계 Plantae
이끼식물, 양치식물, 겉씨식물, 속씨식물

동물계 Animalia
갑각류, 양서류, 파충류, 곤충, 어류, 포유류 등

원생생물계 Protist
유글레나, 아메바, 짚신벌레, 김, 미역, 불가사리 등

원핵생물계 Monera
헬리코박터균, 탄저균, 포도상구균, 폐렴균 등

한다. 휘태커의 주장이 받아들여지면서 생물은 원핵생물계, 원생생물계, 균계, 식물계, 동물계 총 5계로 분류되었다.

한편, DNA 연구가 점점 발전하면서 계보다 더 큰 분류군인 역域을 주장하는 학자도 있다. 미국의 과학자이자 분자생물학자인 칼 우즈Carl Woese, 1928~2012년는 16S 리보솜 RNA 염기서열을 분석해 생물계는 아주 다른 무리 2개로 이루어졌다고 발표했고, 1990년에는 더욱 면밀한 연구를 통해 생물을 세균역(세균계), 고세균역(고세균계), 진핵생물역(기존 생물 분류의 5계)으로 나누었다. 이 분류 체계는 기존의 원핵생물계를 세균역과 고세균역으로 분리한 것이다. 우즈의 연구에 따르면, 고세균역은 원핵생물보다는 진핵생물과 더욱 가까운 유연관계를 보였다고 한다.

아직까지는 생물을 분류할 때 오랜 시간 이어진 계界, 즉 5계 체계가 익숙하게 여겨지지만, 사람이 헤아리고 분류하기에 지구의 생물은 헤아릴 수 없이 많고, 불가사의한 부분도 수두룩할 것이다. 3역 체계에 대한 주장이 나온 것처럼 앞으로 또 어떤 연구결과가 나올지, 그래서 생물 분류는 어떻게 달라질지 궁금해진다. 아마 우리가 다 알 수 있을는지는 모르겠지만.

> 생태학

생물을 이해하는
두 가지 시선 2

앞서 살펴본 분류학이 생물을 '아는 것'이라면, 생태학은 왜 우리가 생물을 알아야 하는지를 알려 주는 학문이다. 한 생물의 이름이나 사는 곳, 어떤 무리에 속하며, 어떤 식으로 진화했는지는 알지만, 왜 이러한 것들을 알아야 하는지 그 근본적인 이유를 모른다면 무슨 소용이 있을까? 다른 생물이 어떻게 살아가며, 그것이 우리네 삶과 어떤 식으로 이어지는지를 이해해야만 우리는 비로소 자연의 일부로 살아갈 수 있을 것이다.

생태학의 어원을 찾아서

기억을 더듬어서 생태의 뜻을 반추해 보자. 사전적으로는 "생명이 살아가는 모습이나 형태"를 뜻한다. 그럼 생태학은 생명이 살아가는 모습이나 형태를 연구하는 학문 정도로 풀이할 수 있겠다. 영어로는 에콜로지^{Ecology}라고 하는데, 이는 생태와 생태학을 동시에 가리키는 의미다. 헌데 Ecology의 말밑을 살펴보면, 오늘날 생태학이 뜻하는 바와는 그다지 관련이 없어 보인다.

Ecology라는 단어가 처음 등장한 것은 독일이었다. 독일의 생물학자 에른스트 헤켈$^{Ernst\ Haeckel,\ 1834~1919년}$은 1866년 저서 『생물체의 일반 형태론$^{Generelle\ Morphologie}$』에 Ecology의 독일어인 외콜로기^{Oekologie}라는 말을 썼다. 이것은 희랍어로 '집'이나 '집안'을 뜻하는 오이코스^{Oikos}와 학문을 뜻하는 로고스^{Logos}를 합해서 만든 단어다. 말 자체로만 보면 생태학이란 집의 학문이란 뜻이다.

이 말이 어떻게 현재 생태학의 뜻과 이어지는 걸까? 헤켈은 생물과 그들을 둘러싼 환경(집)과의 관계를 외콜로기라는 개념으로 표현했다. 즉, 생태학이란 생물과 그 생물이 살아가는 환경을 모두 살피는 학문이란 뜻이다. 과거의 연구 방식과 비교해 설명하면 더욱 이해하기가 쉽겠다.

호랑이를 예로 들어 보자. 생태학 이전의 연구에서 호랑이를 연구한다고 하면 관심 대상은 호랑이뿐이다. 호랑이는 몇 살까지 살고, 무엇을 먹으며, 사냥은 어떻게 하며, 번식은 언제 하는지 등등. 호랑이와 관련해 다른 초식동물을 이야기할 수는 있겠으나, 주로 호랑이의 먹잇감으로만 언급되었을 것이다. 호랑이와 초식동물과의 관계, 초식동물과 식물과의 관계 등으로 연구는 확장되지는 않으므로, 이 무대의 주인공은 호랑이 하나다.

하지만 생태학은 호랑이와 관련한 전체 생태계를 연구한다. 호랑이는 어떤 동물을 먹고, 호랑이에게 먹히는 동물은 누구일까? 이들은 어떤 식물을 먹을까? 이러한 식물이 많은 곳은 어떤 환경일까? 이는 곧 호랑이가 살기 좋은 환경이 된다……. 생태학적 관점으로 바라보면 이 무대의 주인공은 하나가 아니다. 생물과 주변 환경이 모두 유기적으로 연결되어 있으므로, 누구 하나라도 빠지면 공연이 진행될 수가 없다.

　직접적으로 생태학이라는 용어를 처음 쓴 것은 헤켈이지만, 동물과 식물을 따로 연구하고 생물과 주변 환경과의 관계에는 관심을 두지 않던 18세기 무렵과는 달리, 헤켈이 살던 19세기에는 생물학자들 사이에서 이미 이러한 유기적 개념이 제법 퍼진 상태였다. 대표적 학자로 프랑스의 동물학자 이시도르 조프루아 생 틸레르Isidore Geoffroy Saint-Hilaire, 1805~1861년를 들 수 있는데, 그는 유기체에 관한 일반적 사실과 기본 개념을 이야기했다. 러시아의 사상가이자 생태학자였던 니콜라이 야코블레비치 다닐렙스키Николай Яковлевич Данилевский, 1822~1885년도 생 틸레르의 영향을 받았다.

　헤켈의 외콜로지가 오늘날 쓰이는 생태학의 의미를 모두 포괄하지는 않지만, 그 뼈대가 된 것은 분명하다. 한편, 식물생태학이나 하천생태학에서의 생태학은 헤켈의 외콜로지 개념이 그대로 이어진 것이라고 한다.

생태개념 수첩

생태학자들은 연구하고자 하는 생물뿐만 아니라,

그 생물과 유기적으로 연결된 모든 것을 아울러서 연구한다.

생태학의 진화

18세기까지만 해도 생물과 환경의 유기적인 관계는 염두에 두지 않고, 기계적으로(혹은 기독교 창조론에 부합해) 생물을 분류하던 시대였으므로, 초기에 생태학은 거의 주목을 받지 못했다. 화학이나 물리학 또는 생물 분류학과는 달리 생태학에서 연구하는 '유기체적 관계'는 눈에 보이지 않는 대상이었다. 또한 유기체적 관계에 문제가 발생해 그것이 밖으로 드러나는 데는 제법 오랜 세월이 걸리므로, 생물에 대한 반기계적, 전체론적 접근 방식은 다소 모호한 것으로 받아들여졌을 것이다.

그러나 생태계에서 기존의 연구 방식이나 개념으로는 설명하기 어려운 여러 변화나 문제가 나타나면서 생태학의 비중은 점점 커져갔다. 눈에 보이지는 않지만 얼기설기 엮인 생물과 환경의 관계, 이러한 연결 고리가 끊어지면 발생하는 현상 등을 생태학으로는 설명할 수 있었다.

생태학 초기에는 주로 동식물과 직접적으로 관련이 있는 환경에만 주목했지만, 이제는 공기와 흙, 사체, 분해 생물, 습기, 심지어는 돌까지도 연구한다. 생물끼리의 먹고 먹히는 관계 또한 단순한 먹이사슬로만 보지 않고, 이러한 힘의 관계가 생태계에는 어떠한 영향을 미치는지를 파악하고자 애쓴다.

생물학에서도 다루는 생물이나 생태계의 종류가 다르고, 그 생물과 환경과의 관계, 거기서 발생하는 현상의 종류가 매우 다양하므로, 생태학 분야도 점점 세분화된다. 개체생태학, 군집생태학, 생리생태학, 생태계생태학, 경관생태학 등을 꼽을 수 있다. 또한 화학, 물리학, 지질학, 토양학, 지리학, 기상학 등과 같은 자연과학 분야와도 밀접한 관계를 맺고 있다.

폭발적인 인구 증가와 기술 발달, 인간 중심적인 개발 논리 등으로 인해 훼손되던 자연환경이 사람들의 피부에 와 닿을 만큼 심각한 상태에 이른 20세기 중반 이후, 생태학의 변화에는 가속도가 붙었다. 이 시기부터 생태학은 자연과학을 넘어 광범위한 인문과학적 개념이 되었다. 인문, 역사, 문화, 경제, 사회 분야와 결합해 우리가 살아가는 사회를 올바르고 총체적으로 이해하는 데 없어서는 안 될 개념으로 자리 잡았다.

이것은 생태계 전체의 기능을 종합적으로 이해하려는 노력인 동시에 사람이 자연의 구성원으로서 공존할 수 있는 최상이자 유일한 시도이기도 하다. 그러므로 현재 인간 사회 전반에서 생태학이 각광을 받는 것은 어찌 보면 당연한 일이다.

생물다양성 보전과 지속가능한 발전, 자연과의 공존이 무엇보다 중요한 가치로 평가받는 지금, 더 이상 자연환경(생물)과 사람이라는 이분법적 사고방식과 사회를 바라보는 기계적 시선으로는 어떠한 긍정적 변화도 이끌어 낼 수 없다. 자연과 더불어 살아가는 것을 중요시 여겼던 동양 사상이나, 아프리카·아메리카 원주민들의 사고방식이 다시 회자되는 것 또한 생태학의 중요도가 높아지는 것과 같은 맥락일 것이다.

생태학에서 가장 중요한 것은
생물의 시선에서 생물을 바라보는 것 아닐까.

복원

어떻게 하면
그대를 되돌릴 수 있을까?

생태계 복원은, 사귈 때는 연인에게 나쁘게만 하다가 이별하고 난 후에야 그 사람의 소중함을 깨닫고서 관계를 이전으로 되돌리고자 애쓰는 이의 행동과 비슷하다. 18세기 무렵부터 귀한 줄 모르고 마구잡이로 훼손하다 자연이 원래의 모습을 잃게 되자 이제야 그 소중함을 외치는 것을 보면 말이다. 그렇다면 앞으로 무엇을 어떻게 노력해야 떠나간 자연이 우리 곁으로 다시 와 줄지, 복원이라는 개념을 통해 알아보도록 하자.

상처뿐인 지난 날

어떻게 복원할 것인가를 고민하기에 앞서 왜 자연을 복원해야 하는지를 되짚는 것이 좋겠다. 어떤 문제든 발생 원인을 명확하게 알면 해결 방법도 쉽게 찾을 수 있으니까. 사전적 의미로 복원^{復元}은 "원래대로 회복하는 것"이다. 이는 다시 말해 복원의 대상은 원상태가 아님을 뜻한다. 이 의미를 생태학적으로 해석하면 원래 상태가 아닌 자연을 본연으로 되돌리는 것이 된다. 그렇다면 자연은 왜 원래의 모습이 아닌가? 이 답은 모두가 잘 알고 있다. 우리가 너무 많이 훼손했기 때문이다.

무엇이 얼마나 어떻게 훼손되었으며, 그로 인해 어떤 사태가 벌어졌는지를 반추해 보자. 먼저 생물이 생존하는 데 절대적으로 필요한 물(여기서는 민물). 물은 우리가 마시는 것 말고도 철강, 화학, 제지, 석유 산업 등 인류 사회의 발전을 이끈 산업에서도 다양한 용도로 쓰인다. 하지만 무분별한 소비와 과도한 개발 등으로 심각한 부족·오염 현상에 시달리고 있다.

특히 습지의 피해가 크다. 습지는 수많은 생물에게 삶터를 제공하고 기후변화 완화, 홍수 조절, 지하수 유지, 수질 정화 등을 도우므로 민물 생태계에서는 없어서는 안 될 중요한 공간이지만, 이미 세계의 습지 절반이 개발 논리 아래 파괴되었다.

산림 훼손도 심각하다. 세계의 산과 숲은 해마다 9만 제곱킬로미터씩 사라지고 있다. 그중에서도 특히 지구 산림의 50퍼센트 가량을 차지하는 열대림의 파괴는 어마어마하다. 하루에 사라지는 너비만 해도 축구장 7만 2,000개와 엇비슷하다고 한다. 참고로 국제축구연맹[FIFA]이 권장하는 축구장 표준 너비는 세로 105미터×가로 65미터다.

그렇다면 왜 수많은 산림이 이토록 빠르게 파괴되는 걸까? 지구의 허파라고 불리는 아마존을 예로 들어 보면, 파괴의 주된 이유는 목축업(60퍼센트)과 소규모 농업(33퍼센트)을 위한 개간 때문이다. 아마존에서

생태개념 수첩

자란 소는 미국을 비롯한 세계 각지로 팔려가 햄버거가 된다. 또한 열대림을 개간하고자 나무를 베고 불태우는 과정에서는 온실가스의 성분인 이산화탄소가 배출된다. 사라지는 열대림을 생각하면 이산화탄소 배출량도 막대할 것이다.

지나친 개간과 개발 등으로 아마존만 아니라 지구 곳곳에서 이산화탄소가 과도하게 배출되었고 이는 온난화를 부추겼다. 온난화는 현재 세계에서 발생하는 여러 이상기후의 원인으로 꼽히기도 한다. 유례를 찾아보기 어려울 만큼 극심한 기후변화로 지구 생태계는 병들어 가고 있으며, 폭우와 가뭄, 폭염과 혹한 등 극단적 자연재해도 자주 발생한다.

아름답던 그 모습을
되돌리려면

이러한 이유로 20세기 무렵부터 세계 곳곳에서 자연 파괴에 대한 경각심과 위기감이 일었고, 생태계 복원의 중요성이 대두되었다. 이후 세계적으로 사람에 의해 파괴된 자연을 원상태로 되돌리는 방법을 찾고, 현재 훼손 위기에 처한 생태계를 관리·보수하려는 움직임이 활발해졌다.

학문적으로도 복원생태학(자연환경복원학) 분야가 생겼다. 복원생태학이란, 식물생태학, 동물생태학, 군집생태학, 생리생태학, 생태계생태학, 경관생태학 등과 같은 일반생태학과 보전생물학, 경관생태학 등의 응용생태학을 바탕으로 복원의 구체적인 방향을 정하고, 방법을 마련해 가는 실질적이고 종합적인 생태학을 가리킨다.

복원생태학을 바탕으로 보면, 훼손된 생태계를 어느 정도까지 복원할 수 있느냐는 그 생태계의 기능과 구조에 따라서 달라진다. 여기서 기능이란 생물과 환경 사이에서 발생하는 물질순환과 같은 작용을 말하고, 구조란 얼마나 많은 생물이 살고, 어떻게 얽혀 있는지를 가리킨다. 이러한 기능이나 구조가 제 역할을 하지 못하면 그 생태계는 훼손

복원과 함께 복구라는 개념도 많이 쓰이지만, 의미는 약간 다르다. 복원이 '건강했던 원상태로 되돌리는 것'이라면, 복구는 '원래의 건강한 상태'라는 뜻을 포함하지 않는다. 그러니까 원상태와는 달라도 안정적이고 지속가능한 생태계를 만든다는 의미다.

생태개념 수첩

된 것이라고 본다.

지역 생태계의 기능과 구조를 파악할 때 중요한 것은 시기를 맞추는 것이다. 생물의 서식 환경을 복원하고자 하는데, 생물이 활동하지 않는 계절에 찾아가 조사를 하는 것은 의미가 없다. 그러므로 생태계 복원에는 식물생태학이나 동물생태학과 같은 일반생태학이 필수적으로 밑바탕에 깔려 있어야 한다. 그 생물의 생태를 정확하게 알지 못하면 활동 시기도 알 수 없기 때문이다.

서식 환경 중에서는 고유종이 사는 곳을 먼저 복원해야 한다. 고유종은 특정 지역에서만 나고 자라 다른 환경에서는 생존하기가 어렵기에, 고유종의 생존은 해당 지역 생태계 유지와도 직결된다. 이것은 생물다양성을 지키는 것과도 맥락을 같이 하므로 복업 작업 시에 우선적으로 고려해야 할 부분이다.

그 지역의 특성이나 문화, 역사 등을 아는 것도 못지않게 중요하다. 훼손되기 이전의 지역 환경이 어땠는지, 어떤 이유로 환경이 변했는지, 정책적으로 환경 변화를 초래할 계획이 있는지 등을 알아야 제대로 된 복원 계획을 세울 수 있다.

실제 생태계 복원(복구) 사례를 살펴보자. 먼저 일본의 이부키 광산 복원을 꼽을 수 있다. 1971년 식생 조사와 여러 가지 실무 조사를 시작한 뒤로 계속해서 고유종 수목을 이식하며 복원 작업을 펼쳤고, 현재는 주변 환경과 비슷한 산으로 바뀌는 중이다. 영국 템스강 사례도 주목할 만하다. 한때는 강이 죽었다는 말을 들을 정도로 오염되었지만, 정부와 지방자치단체, 기업, 환경단체 등이 참여해 지속가능한 복원을

생태계 복원 계획 과정

1단계	해당 지역에 정책적으로 환경 변화를 초래할 계획이 있는지 파악한다. 지역의 특성이나 문화, 역사 등을 자연적 관점에서 연계해 알아본다. 복원에 필요한 요소들을 정리한다.
2단계	지역 생태계의 구조와 기능을 파악한다. 어떤 생물이 있는지, 특히 고유종을 우선해서 관련 정보와 서식 환경 등을 조사한다.
3단계	해당 지역 생태계를 왜 복원해야 하는지, 목적을 명확하게 설정한다.
4단계	복원 계획을 세부적으로 작성한다.
5단계	계획에 따른 복원 작업을 시행하고, 꾸준하게 관리한다.

※출처: 김귀곤 · 조동길, 『자연환경 · 생태복원학 원론』, 아카데미서적, 2004

위해 노력한 결과 청정한 옛 모습을 되찾았다. 우리나라에서는 습지와 산림, 숲 등이 조성된 서울시의 길동생태공원과 경기도 성남시 맹산의 반딧불이 서식처 복원, 충남 서산 대호 간척지의 생태공원 등을 예로 들 수 있다.

그러나 한편으로는 복원에 대한 부정적인 목소리도 적지 않다. 오히려 더는 손대지 말고 자연이 재생하기를 기다리는 것이 최선이라는 의견이다. 이것은 복원 역시 '자연을 마음대로 할 수 있다.'는 인간의 오만에서 비롯된 것 아닐까 하는 우려에서 비롯된 것이다. 그러므로 생태계 복원에서 무엇보다 중요한 것은 파괴된 자연을 되살리겠다는 전지적인 태도를 버리는 것이다. 더는 생태계를 망가뜨리지 않고 사람도 자연의 일부로 살아가겠다는 유기적 태도를 바탕으로 하지 않는 복원은 또 다른 자연파괴에 불과할 테니 말이다.

생태개념 수첩

진정한 복원이란 무엇일까?

두고두고 고민해야 할 중요한 문제이다.

> 자연

곁에 두고서도
몰랐던 것

지금까지 생물과 생태계에 관한 개념들을 살펴보았다. 그러다 문득 든 의문 하나. 정작 이 모든 것들이 존재하는 '자연'이 무엇인지는 제대로 알고 있을까? 자연의 구성요소를 하나하나 파악하고, 그것들을 지식으로 습득하는 데만 골몰한 나머지 '진짜 자연'은 잊고 지냈는지도 모르겠다. 생물과 생태계 지식을 많이 아는 것도 물론 중요하지만, 가장 중요한 것은 자연의 진정한 의미를 몸소 깨닫는 것 아닐까.

자연은 사람의 힘이 더해지지 않은 것?

일단 사전에서 '자연'의 뜻부터 찾았다. 국립국어원의 표준국어대사전에 따르면 자연自然은 "사람의 힘이 더해지지 아니하고 세상에 스스로 존재하거나 우주에 저절로 이루어지는 모든 존재나 상태"이자

"사람의 힘이 더해지지 아니하고 저절로 생겨난 산, 강, 바다, 식물, 동물 따위의 존재. 또는 그것들이 이루는 지리적·지질적 환경"이다(사전의 종류나 철학, 교육 등 분야에 따라 '자연'의 정의는 조금씩 다르지만, 가장 일반적인 사전적 의미는 이 2가지라고 보았다).

그런데 어째 조금 이상하다. 자연과 사람을 철저히 분리하는 것 같은 느낌을 지울 수가 없다. 영 석연치 않은 마음에 다른 나라에서는 자연을 어떻게 정의하는지 알아보려고 일본 국어대사전인 다이지센을 보다가 재밌는 사실을 발견했다. 일본어로 자연을 의미하는 시젠은 "산이나 강, 풀, 나무 등 인간과 인간의 손이 닿은 것을 제외한 이 세상의 모든 것"이자 "인간의 손이 닿지 않은, 있는 그대로의 상태"를 뜻하는데, 순서가 약간 다르기는 하지만 우리나라 국어사전의 정의와 거의 똑같다 할 만큼 비슷한 것 아닌가!

우리나라 최초의 국어사전(『보통학교 조선어사전』)이 나온 것이 일제강점기였던 1925년이니 아무리 국어사전이라고는 해도 일본어 영향을 많이 받았을 것이고, 그것이 지금까지 이어진 모양이다. 우리말에 여전히 일본식 표현이 많이 남아 있다고는 하지만 단어의 뜻풀이까지 이렇게 흡사할 줄이야.

그렇다면 자연과 사람을 철저히 분리하는 것 같은 '자연'이라는 말은 일본에서 온 것일까? 일본에서 '자연'이라는 말이 생긴 것은, 19세기 후반 메이지 유신을 통해 개국할 때 서구의 네이처라는 단어를 번역하면서부터였다. 사람과 자연을 분리하는 개념의 '자연'을 활발히 사용하기 시작한 것은 서구 문물을 적극 받아들인 메이지 중기 이후라

생태개념 수첩

고 한다. 그러니까 지금 우리가 쓰는 '자연'이라는 말은 서양의 네이처 Nature를 일본이 시젠しぜん으로 도입했고, 그것을 우리가 다시 '자연'으로 받아들인 것으로 해석할 수 있다. 그리고 그 과정에서 '자연'이라는 단어뿐만 아니라 그 안에 내포된 서구적 자연관도 그대로 흡수한 것이다.

인간 중심적 사고에서 벗어나
진짜 자연과 만나다

어원이야 그렇다 치더라도, 그 안에 담긴 자연관까지 그대로 받아들여도 되는 것일까? 한참을 고민하다가 번뜩 나 또한 '자연'의 본질이 아니라 형식에 얽매이고 있다는 것을 깨달았다. '자연'이 가지는 사전적 의미가 지나치게 인간 중심적 관점에서 정의된 것이라는 걸 알았다면 그 사고방식에서 벗어나 진짜 자연이 지닌 뜻을 찾아야 하는데, 그러질 못하고 다람쥐 쳇바퀴 돌듯 제자리만 뱅뱅 거리고 있었으니 난감하고 버거울 수밖에. 사실 생각해 보면 자연이란 결코 난감하거나 버거운 것이 아닌데 말이다.

나는 시골에서 나고 자랐다. 그래서 어린 시절을 떠올리면 자연 속에서 뛰놀던 기억이 대부분이다. 봄이면 냉이와 쑥을 뜯고, 진달래 꽃잎 따먹고, 바람에 날리는 벚꽃을 눈처럼 맞았다. 여름이면 매미를 잡으러 다녔고, 동네 개울 어디에서든 물놀이했다. 가을에는 황금빛으로 물든 논 사이를 누비며 잠자리를 쫓았고, 파란 물이 뚝뚝 떨어질 것 같은 하늘을 온종일 올려다보기도 했다. 겨울이 오면 밤새 내린 눈 밟으러 새벽같이 밖으로 달려 나갔고, 곳곳에 언 빙판길을 놀이터 삼아 썰매를 탔다. 자연은 즐거운 놀이터였고, 늘 편안한 집이었고, 가장 친한 친구였고, 언제 달려가도 안아 주는 엄마였다.

최근 100여 년 사이, 우리는 원했건 원치 않았건 근대화니 산업화니 선진화니 하는 각종 왜곡된 수식에 사로잡혀 산을 깎고, 바다를 막고, 다른 생명을 해쳤다. 그리고 한편에서는 '자연'은 보호해야 할 대상이라며 목소리를 높이면서 자연과 사람 사이의 선을 그었다. 처음부터 잘못 끼워진 단추인 '자연'이라는 개념 안에서 개발이니 보호니 북 치고 장구 치는 사이 우리는 가장 가까운 존재였던 진짜 자연을 잃어버린 것인지 모른다.

'자연'과 관련된 정보를 찾기 위해 열어 두었던 웹페이지를 모두 닫았다. 그리고 등을 돌려 창밖을 바라본다. 연두색 움이 트기 시작한 은행나무 가지 사이사이로 봄 햇살이 걸려 있다. 진짜 자연은 바로 여기, 곁에 있다. 글은 이쯤 쓰고 잠시 자연을 만나러 가야겠다.

이 책을 덮고,

진짜 자연을 만나러 가자.

연체류

권오길, 「권오길 교수의 갯벌에도 뭇 생명이…」, 지성사, 2011

박흥식, 「갯벌에서 만나는 연체동물, 고둥」, 〈자연과생태〉 7호, 2007

백상규, 「갑옷 입은 투사, 연체동물 1」, 〈자연과생태〉 6호, 2006

이준상, 「땅 위로 올라온 연체동물, 달팽이」, 〈자연과생태〉 9호, 2007

갑각류

김태원, 「게의 특징과 생활」, 〈자연과생태〉 10호, 2007

리처드 도킨스, 「지상 최대의 쇼」, 김영사, 2009

장 되치, 「우리가 잘 알지 못했던 동물들의 진화 이야기」, 현실문화, 2007

홍성윤, 「한국해양무척추동물도감」, 아가데미서적, 2006

DK 바다 편집위원회, 「바다」, 사이언스북스, 2008

거미

공상호, 「거미 생태 도감」, 자연과생태, 2013

이영보, 「실 잣는 사냥꾼 거미」, 자연과생태, 2012

양치식물

로빈 C. 모란, 「양치식물의 자연사」, 지오북, 2010

이유미, 「양치식물, 꽃 피우지 않는 아름다움」, 〈자연과생태〉 창간호, 2006

이유성, 「현대 식물분류학-2차 개정증보판」, 우성, 2002

겉씨식물

이상태, 「식물의 역사」, 지오북, 2010

이유성, 「현대 식물분류학-2차 개정증보판」, 우성, 2002

최호, 「겉씨식물 구분하기 1. 소나무과 소나무속」, 〈자연과생태〉 8호, 2007

속씨식물

우석영, 「수목인간」, 책세상, 2013

이상태, 「식물의 역사」, 지오북, 2010

이유성, 「현대 식물분류학-2차 개정증보판」, 우성, 2002

이끼식물

국립생물자원관, 『선태식물 관찰도감』, 지오북, 2014

서울과학교사모임, 『묻고 답하는 과학 톡톡 카페 1 : 지구과학 · 생물』, 북멘토, 2009

정병길, 「초록빛 비밀정원, 이끼」, 〈자연과생태〉 59호, 2012

최두문, 『한국동식물도감 제24권(선태류)』, 문교부, 1980

현진오, 「식물계, 생물다양성의 실체 navercast.naver.com/contents.nhn?rid=21&contents_id=4026」, 네이버캐스트

성장

두산백과온라인사이트

변태 terms.naver.com/entry.nhn?docId=1101999&cid=40942&categoryId=32317

생장 terms.naver.com/entry.nhn?docId=1110577&cid=40942&categoryId=32317

한국브리태니커온라인사이트

성장 preview.britannica.co.kr/bol/topic.asp?article_id=b12s0897b

생존

김용식, 「갖가지 호신술로 살아남는다, 나비의 생존 전략」, 〈자연과생태〉 7호, 2007

베른트 하인리히, 『동물들의 겨울나기』, 에코리브르, 2003

조영권, 「벌레만도 못하다고?」, 필통속자연과생태, 2009

번식

이준성, 「땅 위로 올라온 연체동물 달팽이」, 〈자연과생태〉 9호, 2007

프랭크 H. 헤프너, 『판스워스 교수의 생물학 강의』, 도솔, 2008

진화

마크 리들리, 『HOW TO READ 다윈』, 웅진지식하우스, 2007

스티븐 제이 굴드, 『다윈 이후』, 사이언스북스, 2009

최재천, 『최재천의 인간과 동물』, 궁리, 2007

최재천, 「진화의 도박, 유전적 부동 navercast.naver.com/contents.nhn?rid=21&contents_id=251」, 네이버캐스트

최재천, 「진화는 진보인가? navercast.naver.com/contents.nhn?rid=21&contents_id=318」, 네이버캐스트

멸종

마이클 J. 벤턴, 『대멸종』, 뿌리와이파리, 2007
프로젝트팀(NHK 위성방송 〈생명의 묵시록〉 제작팀), 『지구에서 사라진 동물들』, 도요새, 2000

깃대종

국립공원관리공단 www.knps.or.kr:8300/portal/main/contents.do?menuNo=7020030
두산백과온라인사이트 terms.naver.com/entry.nhn?docId=1222172&cid=40942&categoryId=32310
중도일보, 「대전 깃대종 서식처 구청이 훼손」, 2014년 6월 24일
한국브리태니커온라인사이트 preview.britannica.co.kr/bol/topic.asp?article_id=rkb04a1006
한겨레, 「시사열쇳말, 깃대종」, 2006년 2월 5일
환경부 www.me.go.kr

핵심종

두산백과온라인사이트 terms.naver.com/entry.nhn?docId=1222229&cid=40942&categoryId=32310
앨리스 아웃워터, 『물의 자연사』, 예지, 2010
한국브리태니커온라인사이트 preview.britannica.co.kr/bol/topic.asp?article_id=rkb04a1070
EBS 〈지식채널 e〉, 「70년 만의 귀환」편, 2013년 8월 13일 방영분

지표종

프레시안, 「남한강에도 큰빗이끼벌레…"4대강 모두 호수"」, 2014년 7월 10일
환경부 보도자료 「국립생물자원관, '국가 기후변화 생물지표 100종' 선정 발표」

외래종

길지현, 「한국의 외래종 이야기」, 〈자연과생태〉 61호, 2012
길지현 외 8명, 『생태계교란생물 현장관리』, 국립환경과학원, 2013
생물다양성협약 사무국, 『생물다양성을 위협하는 침입외래종』, 국립환경과학원, 2012

기후변화

프레드 피어스, 『데드라인에 선 기후』, 에코리브르, 2009

이산화탄소

양일호, 『프리스틀리가 들려주는 산소와 이산화탄소 이야기』, 자음과모음, 2011
옌스 쾬트젠&아르민 렐러, 『이산화탄소, 지질권과 생물권의 중개자』, 자연과생태, 2015
폴 메이슨, 『나의 탄소 발자국은 몇 kg일까?』, 다림, 2011

에너지

김도연, 『기후, 에너지 그리고 녹색 이야기』, 생각의 나무, 2010

바츨라프 스밀, 『에너지란 무엇인가』, 삼천리, 2011

정병길, 「재생에너지, 석유 이후를 생각하다」, 〈자연과생태〉 61호, 2012

홍준의 · 최후남 · 고현덕 · 김태일, 『살아 있는 과학 교과서 1』, 휴머니스트, 2006

분류학

강석기, 「칼 우즈, 생물학의 뿌리를 뒤흔든 아웃사이더
news.dongascience.com/PHP/NewsView.php?kisaid=20130204200002380294」, 〈동아사이언스〉, 2013.02.04

김홍식, 『세상의 모든 지식』, 서해문집, 2007

김영동, 「생물 분류, 생물다양성의 실제navercast.naver.com/contents.nhn?rid=21&contents_id=3648」,
네이버캐스트

박재홍, 「생물분류학의 성립, 칼 린네navercast.naver.com/contents.nhn?rid=21&contents_id=7003」,
네이버캐스트

에르베 르 기야데르, 『분류와 진화』, 알마, 2013

이동찬, 「고생물학과 분류학」, 〈자연과생태〉 12호, 2007

생태학

안나 브람웰, 『생태학의 역사』, 살림출판사, 2013

데이비드 버니, 『생태학을 잡아라!』, 궁리, 2002

어니스트 칼렌바크, 『생태학 개념어 사전』, 에코리브르, 2009

김은식, 「자연과 인간을 연결해주는 학문, 생태학
navercast.naver.com/contents.nhn?rid=21&contents_id=5571」, 네이버캐스트

복원

김귀곤, 조동길, 『자연환경 · 생태복원학 원론』, 아카데미서적, 2004

이유진, 『기후변화 이야기』, 살림, 2010

산림청www.forest.go.kr/newkfsweb/kfi/kfs/mwd/selectMtstWordDictionary.do?wrdSn=3318

전국지리교사연합회, 『살아있는 지리 교과서 1』, 휴머니스트, 2011